Benes

Simsa/Patak

Leadership in Nonprofit-Organisationen

Leadership in Nonprofit-Organisationen

Die Kunst der Führung ohne Profitdenken

von

Ruth Simsa
Michael Patak

Linde
international

Bibliografische Information der Deutschen Bibliothek

Die Deutsche Bibliothek verzeichnet diese Publikation in der Deutschen Nationalbibliografie; detaillierte bibliografische Daten sind im Internet über http://dnb.ddb.de abrufbar.

ISBN 978-3-7143-0130-4

1210 Wien, Scheydgasse 24, Tel.: 0043/1/24 630

www.lindeverlag.at

Druck: Hans Jentzsch & Co. GmbH.

1210 Wien, Scheydgasse 31

1

Inhaltsverzeichnis

1. Vorwort

Anders. Gleich. Beides zugleich.

Führung in Nonprofit-Organisationen – ein Tabu, über das doch häufig gesprochen wird.

Anders: 2 mal 20 Jahre Beratungs- und Trainingserfahrung in Nonprofit-Organisationen (NPOs) machen uns ganz sicher: Führung einer NPO ist etwas grundlegend anderes als Führung von profitorientierten Unternehmen. Gerade die Führungskräfte müssen um die Eigenart und Besonderheit ihrer Organisation Bescheid wissen, um die Andersartigkeit der Aufgabe und auch des „Arbeitsvertrages" mit Mitarbeiter/-innen, die eine spezifische Art von Führung erfordern.

Gleich: Und doch gibt es viele Parallelen und Gemeinsamkeiten von Profitorganisationen und NPOs. In vielen Bereichen und Aufgaben gibt es keinen Unterschied und so sehen wir einige Aspekte und Aufgaben der Führung, die durchaus in NPOs genauso betrieben werden können wie in Profitorganisationen.

Beides zugleich: Wir denken also, die Führung einer NPO unterscheidet sich in wesentlichen Aspekten von der Führung eines Unternehmens und gleicht sich in ebenso wesentlichen mit ihr. Und so finden sich in diesem Buch erfolgreiche Ansätze aus der Wirtschaft einerseits und Hinweise auf NPO-Spezifika andererseits.

Private, nicht gewinnorientierte Organisationen und ihre Herausforderungen für Führungskräfte sind Gegenstand dieses Buches. Wir beschäftigen uns also mit einem Thema der eigenen Art, nämlich einem tabuisierten und gleichzeitig ständig thematisierten. Einerseits sind Fragen der Anforderungen an die Führung von NPOs unserer Beobachtung nach in den letzten Jahren spürbar mehr zum Thema geworden. Die Führungskräfte begreifen ihr Aufgabenfeld zunehmend als etwas Spezifisches und die von außen an die NPOs herangetragenen Anforderungen an die Professionalisierung der Führung sind gestiegen. Andererseits ist häufig unklar, was denn mit Professionalisierung gemeint ist. In vielen Fällen steht Professionalisierung einfach dafür, einen Weg zu finden, mit weniger Geld auszukommen. In unserer Praxis finden wir auch immer noch die – meist unausgesprochene – Annahme, dass Menschen, die eine bestimmte Ideologie teilen, ohnehin wissen, was sie zu tun haben und die Übernahme von Führung wird dann, wenn sie die Freiräume der Geführten einschränkt, schnell als Belästigung erlebt.

Wenn Führung wirklich gelebt wird, dann hat sie immer sowohl einschränkende als auch entlastende Aspekte. Einschränkend ist eine gewisse Entmündigung der Geführten.

Ihre Handlungsspielräume werden begrenzt, nicht jede/-r kann überall mitentscheiden und Vorgaben müssen befolgt werden. Entlastende Aspekte liegen in der Vereinfachung von Prozessen durch konsequente Führung: Es wird ein Rahmen vorgegeben, nicht jede/-r muss sich um alles kümmern und der/die Einzelne kann sich auch darauf verlassen, dass das Ganze funktioniert, ohne sich selbst um alles kümmern zu müssen.

Uns liegt Führung am Herzen. Die Balance von Einschränkung und Entlastung, von Autorität und Unterstützung, von Fördern und Fordern, die Verantwortung für Personen, die damit einhergeht, und die Möglichkeit, in sozialen Systemen Wirkung zu erzielen, ist ein spannendes und hoch relevantes Thema in allen Arten von Organisationen. Es berührt unterschiedliche Aspekte des Umgangs mit Menschen, mit Organisationen und ihren Strukturen und mit Tätigkeiten – Führen ist aktive Mit-Gestaltung der Welt. Sie kann Schaden anrichten, aber auch manches zum Guten bewegen.

Uns liegen auch NPOs am Herzen. Die Bemühungen, in einer markt- und wirtschaftsdominierten Welt kollektiv Lösungen für gesellschaftliche Problemlagen zu finden und sich gemeinsam für Werte und deren Umsetzung zu engagieren, nötigt uns Respekt ab. Die Idee, dass es einmal nicht nur ums Geld geht, sondern um Ideologien und inhaltliche Ziele, gefällt uns. Die Buntheit dieser Organisationen ist interessant, aber auch herausfordernd. Jeder Versuch, sie über einen Kamm zu scheren, misslingt. Bisweilen hat man den Eindruck, dass es mehr Unterschiede als Gemeinsamkeiten im Sektor der NPOs gibt.

Und gerade, weil wir Führung in NPOs als besonders anspruchsvoll erleben und wir sowohl Führung als auch NPOs für gesellschaftlich hochrelevante Themen halten, haben wir dieses Buch geschrieben. Wir arbeiten beide seit langem als Management-Trainer/-in und Berater/-in in verschiedensten Konstellationen mit Führungskräften. Diese Erfahrungen haben uns die vielen Facetten des Themas bewusst gemacht, die vielen Jonglierbälle, die gleichzeitig in der Luft gehalten werden müssen, die vielen persönlichen wie auch theoretischen Fragen, auf die jede Führungskraft Antworten finden muss. In unserer Praxis wird uns auch die Kraft systemischer Eigendynamiken deutlich, welche unter anderem vom jeweiligen Tätigkeitsfeld und von der Art der Organisation bestimmt werden. Führung passiert nicht im luftleeren Raum, sondern im Rahmen bestimmter Strukturen, eines bestimmten organisationalen Feldes.

Ursprünglich näherten wir uns dem Thema NPO von der Seite der basisorientierten Organisationen (siehe auch Kapitel 3.2.), jenen, in denen typische Merkmale von NPOs am stärksten ausgeprägt sind, also mehr Ideologie und Wertorientierung als Verbindlichkeit, Autorität und Macht, etc. Diese haben uns in unserer Beratungstätigkeit und auch Forschungstätigkeit zuerst beschäftigt[1] und uns die Besonderheiten von NPOs – oft in Form von unerwarteten Schwierigkeiten und Turbulenzen im Beratungsprozess – deutlich werden lassen. Auch privat hatten wir zunächst mit diesen Organisationen mehr Kontakt, sei es als ehrenamtliche Mitglieder, als Funktionär/-in oder als Sympathisant/-in.

Mehr und mehr sind danach auch andere Typen von NPOs für unsere Arbeit bedeutsam geworden, dennoch hat unsere Fassung des Themas sicher noch ein Bias in Richtung

1 *Patak/Simsa* 1993.

der basisorientierten NPOs. Dies ist für das vorliegende Buch vermutlich kein Nachteil, denn an den extremen Ausprägungen werden Besonderheiten und Strukturen am ehesten deutlich und analysierbar. Wir sind uns bewusst: Was immer wir über NPOs schreiben – es wird begründete Gegenstimmen bzw. Ausnahmen geben. Dies ist eine Herausforderung, die jedes so heterogene Feld mit sich bringt. Sie soll uns aber nicht von konkreten Aussagen abhalten. Der geneigte Leser oder die Leserin sollte so frei sein, das herauszulesen, was für seine/ihre spezifische Organisation Sinn ergibt, ihn oder sie zum Nachdenken anregt oder zu neuen Sichtweisen inspiriert.

Noch eine Bemerkung zur Sprache: Wir wollen diesen Text weder durch den für alle Beteiligten mühsamen Versuch einer durchgängig geschlechtsneutralen Sprache verkomplizieren, noch sprachlich ein Geschlecht durch Verwendung nur einer Form ausschließen, also haben wir uns entschlossen, ab jetzt abwechselnd ein Kapitel nur in der weiblichen, das nächste wieder nur in der männlichen Form zu schreiben – angesprochen sind natürlich immer beide Geschlechter.

Und hier auch noch eine Danksagung: Wir haben uns ganz besonders über zwei Unterstützungen gefreut. Jene durch Frau Mag. Cornelia Stolla, die die Interviews in Kapitel 7 geführt hat und jene durch Frau Dr. Andrea Schüller, die einige Kapitel kritisch überarbeitet und kommentiert hat.

2. Wesentliches im Überblick

2.1. Das Führungs-Puzzle im Überblick – Sieben Aufgabenfelder der Führung

Wir stellen im Kapitel 4 unser Modell vor, das die wesentlichen Felder der Führung beschreibt und damit einen Raster für die Aufgaben jeder Führungstätigkeit bietet. Dieser soll die Aufmerksamkeit auf die vielfältigen Aspekte der Tätigkeit sowie auf die Einbettung in die jeweilige Situation lenken. Damit geraten oft vernachlässigte Aufgaben bzw. auch Einflussfaktoren stärker in das Blickfeld.

Das Modell definiert sieben wesentliche Felder der Führung. Natürlich überlappen diese und es wird oft nur analytisch möglich sein, die eine oder andere Führungshandlung genau einem Feld zuzuordnen. Wir meinen, und dies hat sich in unserer Praxis und in unseren Trainings immer wieder bestätigt, dass es jedenfalls sehr hilfreich ist, sich immer wieder die gesamte „**Landkarte**" der Führung in Erinnerung zu rufen.

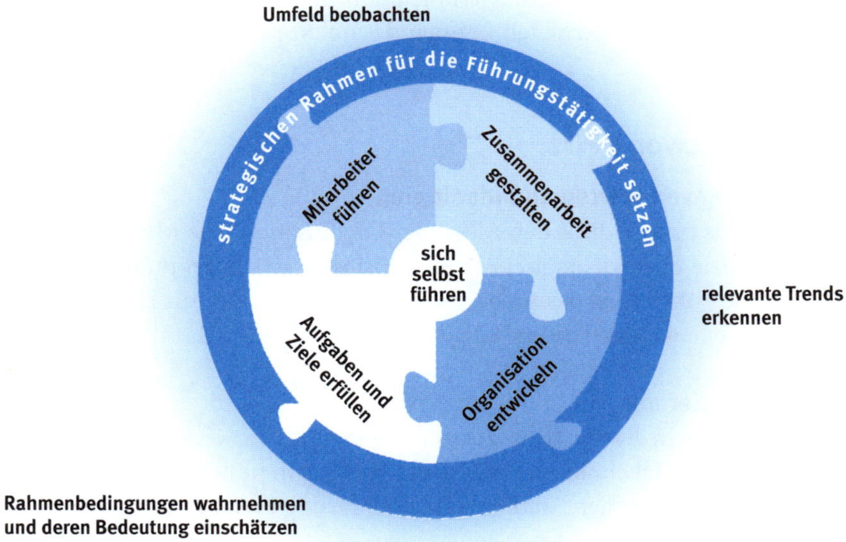

Abb. 1: 7 Führungsaufgaben

- Im Zentrum finden wir das, was wir als Kern und wesentliches Thema allen Führens sehen, nämlich die **Persönlichkeit** desjenigen, der führt.
- Rund um diesen Kern gruppieren wir die vier Aufgabenfelder der **operativen Führung**, die den Alltag jeder Führungskraft ausmachen.

- Das Ganze findet im Rahmen eines sechsten Feldes statt, dem **strategischen Führungshandeln.**
- Das siebente Feld schließlich verweist auf das jeweils relevante **Umfeld**, auf den Kontext, in dem Führung stattfindet.

2.2. Besonderheiten von NPOs

Vorab: Sind NPOs überhaupt wirklich anders?

NPOs unterscheiden sich nicht immer trennscharf von anderen Organisationen. Sie sind – wie auch Wirtschaftsorganisationen – sehr unterschiedlich ausgeprägt. Nicht alle Charakteristika gelten daher für alle NPOs.

Wirtschaftsnahe, verwaltungsnahe und basisnahe NPOs:

Wir teilen ein in wirtschaftsnahe, verwaltungsnahe und basisnahe NPOs. Erstere unterscheiden sich im Extremfall kaum von Profitunternehmen, verwaltungsnahe NPOs wiederum weisen oft hohe Ähnlichkeiten zu öffentlichen Organisationen auf. In basisnahen Organisationen sind NPO-spezifische Merkmale am deutlichsten ausgeprägt. Alle im Folgenden angeführten Besonderheiten können sowohl Vor- als auch Nachteile für die Organisation haben.

Typische Merkmale von NPOs:

- **Große Bedeutung von Werten und Ideologien**

In den meisten NPOs prägen diese den Alltag der Organisation. Die Mission, der Organisationszweck, soziale oder ideologische Anliegen sind in der Regel präsent und handlungsleitend. Für die Führung ist das zunächst ein Vorteil, kann aber zur Herausforderung werden, wenn Ideologien dysfunktional eingesetzt werden.

- **Hohe Emotionalisierung**

Die internen Beziehungen, die Einstellungen zum Organisationszweck, aber auch die Einschätzung von externen Stakeholdern sind häufig von einem hohen Grad an Emotionalität geprägt. Konfliktmanagement und die saubere Klärung organisationaler Strukturen werden damit besonders wichtig.

- **Hoher Grad an Widersprüchlichkeit**

NPOs sind häufig an der Schnittstelle gesellschaftlicher Subsysteme, häufig auch in Konfrontation mit herrschenden Verhältnissen. Geld ist zwar wichtig, allerdings nicht das letzte Entscheidungskriterium, die Führung muss also stärker als in anderen Organisationen die Balance von verschiedenen Logiken schaffen.

- **Organisationsabwehr**

NPOs neigen dazu, formale Strukturen und Abläufe zu unterwandern, informelle Prozesse gewinnen damit oft zu große Bedeutung. Damit erfordert ein adäquates Wahrnehmen von Autorität und Macht großes Fingerspitzengefühl und die Balance zwischen Formalität und Lebendigkeit wird zur Herausforderung.

- **Unerreichbare oder schwer messbare Ziele**

NPOs nehmen sich oft jener Probleme an, die die Gesellschaft nicht lösen kann. Oft sind diese von ihrer Natur her nicht vollständig lösbar – es ist nie genug. Zudem ist Erfolgsmessung häufig vielschichtig.

2.3. Professionalisierung von Führung

Am häufigsten ist mit Professionalisierung der gekonnte (und bisweilen auch: demonstrative) Einsatz **betriebswirtschaftlicher Methoden** gemeint. V.a. externe Evaluationen müssen sich notgedrungen an wenigen, leicht messbaren Kriterien orientieren, ein differenzierter Blick ist selten möglich. Dafür bietet sich der dokumentierte Einsatz bestimmter Führungsinstrumente an, ist allerdings mit Sicherheit nicht ausreichend. Die im Folgenden angeführten **Merkmale eines professionellen Managements** sind zudem unserer Erfahrung nach häufig v.a. in NPOs von besonderer Bedeutung:

1. **Die Führungsrolle akzeptieren und strukturell absichern:** Führen ist zum einen eine eigene Profession, zum anderen auch eine Dienstleistung an der Organisation. Dies kann nur dann effektiv geschehen, wenn Führungskräfte Wirkung erzielen wollen, Entscheidungen treffen, nicht wegsehen bei unangenehmen Situationen. Das heißt, wenn sie die Rolle wirklich als solche akzeptieren.

2. **Ein effektiver Umgang mit Ressourcen:** Dies bedeutet, die Ressourcen der Organisation nachhaltig, effizient und langfristig dem Ziel der Organisation entsprechend einzusetzen, diesen Einsatz immer wieder zu reflektieren und gegebenenfalls zu ändern.

3. **Ein reflektierter Umgang mit Werten und Ideologien:** Dies verlangt eine klare Trennung von Bereichen, die über Werte gesteuert werden sollen, und jenen, wo reines Kalkül erforderlich ist – sprich, eine Gratwanderung zwischen Wirtschaft und Werten, d.h. einen guten Umgang mit Ressourcenknappheit ohne einseitig-ökonomisches Denken. In manchen Organisationen muss dafür die Organisation vor ideologischen Denkverboten und „Killerphrasen" geschützt werden, in anderen dagegen die Werte vor Kolonialisierungsversuchen.

4. **Ein Management des Widerspruchs zwischen Person und Organisation:** Es braucht Respekt vor dem Einzelnen bei gleichzeitiger Akzeptanz der Anforderungen der Organisation, die über individuelle Interessen hinaus gehen.

5. **Die Wahrnehmung eines strategischen Personalmanagements:** Dies betrifft die Aufgabe, die Frage der Karriereplanung und Entwicklung des haupt- und ehrenamtlichen Personals sowohl insgesamt wie auch in Bezug auf einzelne Mitarbeiter zu behandeln. Z.B.: wie alt kann man in der Organisation werden, welche Karrieremöglichkeiten gibt es, welche Unterstützungssysteme müssen etabliert werden.

6. **Das Management von Informationen professionalisieren:** Das Verteilen von Informationen ist aufgrund technischer Möglichkeiten rascher und billiger geworden. Die technischen Informationsmöglichkeiten verkehren sich über die damit erzeugte Informationsmenge auf paradoxe Weise in ihr Gegenteil – es ist kaum mehr möglich, angesichts der Informationsflut den Überblick zu bewahren. Die kluge Organisation und Selektion von Informationen und deren Absicherung durch entsprechende Spielregeln und Verfahren wird damit zunehmend zu einer zentralen Gestaltungsaufgabe.

7. **Kooperation mit Konkurrenten:** Da in vielen Bereichen die finanzielle Situation schlechter wird, die Konkurrenz wächst und gleichzeitig Versuche von Seiten der öffentlichen Hand zu sehen sind, insbesondere im Sozialbereich die NPOs stärker gegeneinander auszuspielen, braucht professionelle Führung auch gezieltes Gestalten der Beziehungen zu Organisationen des gleichen Tätigkeitsbereichs. Hier geht es um Grenzziehungen und Kooperation, Abstimmung bei gleichzeitiger Aufrechterhaltung organisationaler Unterschiede bzw. der Konkurrenzsituation.

3. NPOs als Herausforderung für Führung

3.1. Untypische Organisationen mit großer Bedeutung. NPOs – die „bunten Hunde“ der Organisationslandschaft

Unserer Erfahrung nach sind NPOs und andere Organisationen zwar in vielem ähnlich, aber in manchem unterscheiden sie sich auch signifikant. Und damit stellen sich auch spezifische Anforderungen an Führungskräfte. Es ist hilfreich, diese zu kennen, sei es, um sich darauf einzustellen, bevor man eine Führungsposition in einer solchen Organisation annimmt, sei es, um die eigene Führungspraxis zu reflektieren und zu optimieren.

Bevor wir diese Anforderungen an Führung im Einzelnen erörtern, wollen wir zunächst einen kurzen Blick auf die Besonderheiten von NPOs werfen. Wir sprechen dabei von Erkenntnissen über NPOs aus dem deutschsprachigen bzw. auch dem europäischen Raum. Die Tradition und auch Bedeutung dieser Organisationen beispielsweise im angloamerikanischen Raum ist eine völlig andere und hat so auch andere interne Kulturen und Besonderheiten hervorgebracht.

3.1.1. NPOs – eine sehr heterogene Gruppe von Organisationen

Zuerst fallen **Unterschiede *zwischen* NPOs** auf: Der NPO-Sektor zeichnet sich durch markante Unterschiede seiner Organisationen in Größe, Tätigkeitsbereichen und Zielsetzungen, regionaler Reichweite, der sozialen und politischen Verankerung und dem Formalisierungsgrad aus.

Er umfasst große, oft globale Hilfs- oder politische Organisationen wie die Caritas, das Rote Kreuz, Amnesty International oder Greenpeace, ebenso globale Vereinigungen wie etwa die Pfadfinder, aber auch viele kleine lokale Initiativen, z. B. die Betreuung von Immigranten, von Arbeitslosen oder von Behinderten.

Neben sozialen Dienstleistungsbetrieben wie Pflegeheimen und mobilen Diensten der Altenbetreuung finden sich hier auch politische Organisationen wie Kammern, Verbände und Gewerkschaften, politische Parteien, Umweltschutz- oder Menschenrechtsorganisationen, gemeinnützige kulturelle oder soziale Stiftungen, die Kirche, Autofahrerclubs, Genossenschaften, Selbsthilfe- oder Heimatvereine, aber auch elitäre Golfclubs und „gewöhnliche“ Sportvereine – um nur einige nicht gewinnorientierte Organisationstypen zu nennen.

3.1.2. NPOs – ein buntes, oft emotionalisiertes Feld

Als nächstes fällt bei der Beschäftigung mit NPOs auf, dass diese häufig emotionalisieren. Man solidarisiert sich mit ihnen, regt sich über sie auf, ist beruhigt angesichts ihrer Existenz etc. Und auch im Innenverhältnis, d.h. unter ihren Mitgliedern, geht es häufig expressiver oder emotionaler zu als in Wirtschaftsunternehmen oder Ämtern. Organisationen zeichnen sich generell dadurch aus, dass sie kälter, d.h. weniger personenorientiert und mehr an unpersönlicher Kommunikation orientiert sind als Gruppen. Dies gilt grundsätzlich auch für NPOs – aber eben nicht ganz so strikt.

Zentrale Handlungsorientierungen sind hier ja weder privatwirtschaftliche Gewinnorientierung noch machtbasierte staatliche Verwaltung. Damit sind NPOs etwas Untypisches, Buntes, nicht einfach zu Erklärendes. Diese Buntheit und das partielle Herausfallen aus vorherrschenden gesellschaftlichen Strukturen sind – gekoppelt mit der inhaltlichen Orientierung der meisten NPOs – wohl der Grund für die **hohe Emotionalität**, die diese Organisationen in aller Regel begleitet und umgibt.

Bekannte **Reaktionsformen von außen** sind etwa:
- **Sympathie** (z.B. weil viele NPOs sich um Probleme kümmern, zu deren Lösung man selbst auch gerne etwas beitragen würde),
- **Ambivalenz** (z.B. weil es in der Arbeit einiger sozialer NPOs um Probleme wie etwa AIDS oder Suchtkrankheiten geht, deren Bedeutung man durchaus als wichtig anerkennt, mit deren Details man aber lieber nicht konfrontiert werden möchte),
- **Ärger** (z.B. weil Fundraising-Aktivitäten auch dann als penetrant wahrgenommen werden, wenn sie im Vergleich mit kommerzieller Fernsehwerbung immer noch höchst moderat sind),
- **Kritik** (NPOs haben einen höheren Anspruch als Wirtschaftsorganisationen, und werden daher besonders streng beurteilt),
- oder **Mitleid** (z.B. weil die Ziele dieser Organisationen oft unerreichbar sind und zudem stets Finanzknappheit herrscht).

Häufige **Reaktionsformen von innen**, d.h. unter den Mitgliedern, sind etwa:
- besonders starker wechselseitiger **Schutz** (alle tun ja Gutes in der Organisation, da kann man jemanden z.B. wegen Ineffektivitäten nicht kritisieren),
- heftige direkte **Aggression** (man kennt sich lange und gut, hat wenig Schranken im Umgang miteinander),
- enge **Freundschaftsbeziehungen** unter Kollegen bzw. zwischen Mitarbeitern und Führungskräften (der Kampf um die gemeinsame Sache oder das Durchstehen schwieriger Zeiten schweißen ebenso zusammen wie geteilte starke Werte),
- ein besonders hohes **Kränkungspotenzial** (die hohe Informalität und Personenorientierung der Organisation bietet nicht jene Entlastungen, die in formalen Unternehmen doch ein Stück weit gegeben sind).

NPOs lassen also die wenigsten kalt, auch nicht ihre Mitarbeiterinnen und Führungskräfte. Die Situation der Führung ist alleine deswegen schon eine sehr spezifische.

3.1.3. Nonprofit-Organisationen – eine begriffliche und definitorische Herausforderung

Die Unterschiede in Größe, Tätigkeitsbereichen und Zielsetzungen, regionaler Reichweite, der sozialen und politischen Verankerung und dem Formalisierungsgrad machen eine Zusammenfassung dieser Organisationen unter einen eindeutigen Begriff schwierig – das Feld selbst sperrt sich fast gegen definitorisch-begriffliche Eingrenzungen und Festlegungen.

Obwohl sich die Bezeichnung NPO bereits in den 1970er Jahren etabliert hat, wird schon der Begriff häufig wegen seines negativ-abgrenzenden Charakters in Frage gestellt. Es werden Alternativen überlegt, wie etwa „Social Profit Organisation", „Zivilgesellschaftliche Organisation" oder „Freiwilligenorganisation". Da all diese auch problematisch sind, wollen wir den Begriff NPO beibehalten, v.a. weil dieser seit einigen Jahren auch im Selbstverständnis der Organisationen eine Rolle spielt.

Wir finden in der Literatur unterschiedliche Definitionen. Die gängigste, und aufgrund ihrer Offenheit auch sehr praktikable **internationale Definition**, der auch wir uns anschließen, nennt folgende Merkmale:[1]

- **Ein Mindestmaß an formaler Organisation**: Dies meint die Etablierung von gewissen formalen Strukturen und Mitgliedschaftsregeln, eine juristische Registrierung etc. Soziale Bewegungen oder Selbsthilfegruppen fallen damit nicht unter den Begriff NPO.
- **Verbot der Gewinnausschüttung**: NPOs dürfen keine Gewinne bzw. Überschüsse an Eigentümer oder Mitglieder ausschütten. Sie können natürlich Gewinne erwirtschaften, müssen diese aber im Sinn des Organisationszwecks, der Mission, verwenden.
- **Private Trägerschaft**: NPOs werden somit von öffentlichen Organisationen abgegrenzt, selbst wenn sie oft durchaus stark von der öffentlichen Hand finanziert werden. Wesentlich ist jedenfalls eine gewisse juristische und faktische Trennung von öffentlichen Organisationen.
- **Ein Minimum an Selbstverwaltung im juristischen Sinn**: Damit können die wichtigsten Entscheidungen innerhalb der Organisation gefällt werden.
- **Ein Mindestmaß an Freiwilligkeit**: Dieses kann sich in unbezahlter Arbeit, Spenden oder freiwilliger Mitgliedschaft ausdrücken.

3.1.4. NPOs –wirtschaftlich bedeutender als ihr Ruf

NPOs leisten nicht nur wesentliche Beiträge zu sozialen, politischen und kulturellen Bereichen moderner Gesellschaften, sie sind auch ökonomisch bedeutsam.

Internationale Studien sprechen eine deutliche Sprache: Der Sektor ist in allen Industrieländern ein wesentlich größerer Wirtschaftsfaktor als bisher allgemein angenommen und er trägt zudem v.a. in Westeuropa mehr zum **Beschäftigungswachstum** bei als die meisten anderen Wirtschaftsbereiche. [2]

---

[1] Vgl. *Badelt/Meyer/Simsa* 2007.
[2] *Schneider/Badelt/Hagleitner* 2007.

Aus unterschiedlichen Gründen ist es schwierig, genauere Daten über die wirtschaftliche Bedeutung von NPOs zu erhalten. Sie sind verschiedenen Meldepflichten nicht unterworfen und können manche Leistungsindikatoren nicht vorweisen, die üblicherweise in der amtlichen Statistik enthalten sind. Dennoch weisen alle Untersuchungen und Indikatoren klar darauf hin, dass NPOs insgesamt eine Wachstumsbranche darstellen. Sowohl ihre Anzahl als auch das ökonomische Gewicht des Sektors nehmen stetig zu.

So stieg der Anteil der Beschäftigung im NPO-Sektor zwischen 1990 und 1995 in Deutschland von 1.017.945 Vollzeitäquivalenten auf 1.440.850, somit auf einen Anteil von 4,93% an allen Beschäftigten; und auch in der zweiten Hälfte der 90er Jahre gab es einen anhaltenden Zuwachs der Beschäftigung von bis zu 4% pro Jahr.[3] In Österreich waren 2001 zwischen 116.000 und ca. 190.000 entgeltlich Beschäftigte in Arbeitsstätten des NPO-Sektors tätig, was einem Anteil von 3,4% bzw. 6% an allen Beschäftigten entspricht.[4] Die Arbeitsplätze weisen ein überdurchschnittlich hohes Qualifikationsniveau auf, sowie mit ca. 66% einen besonders hohen Frauenanteil.

In Bezug auf die Verteilung nach **Branchen** finden sich in Westeuropa die höchsten Beschäftigungsanteile in den Bereichen Erziehung und Bildung (28%) sowie soziale Dienste (27%), gefolgt von Gesundheit (22%) und dem Freizeit- und Kulturbereich (10%).[5]

Zahlen für Deutschland zeigen, dass der Sektor hier mit ca. 70 Milliarden Euro Umsatz einen Anteil von 3,9% am **Bruttonationalprodukt** hat.[6] Der Produktionswert der österreichischen NPOs kann mit 6,32 Milliarden Euro beziffert werden.[7]

Ein weiteres Indiz für eine gewisse Bedeutungszunahme ist Folgendes: Die Anzahl der Vereine – der quantitativ mit Abstand wichtigsten Rechtsform von NPOs – hat sich in Österreich in den letzten 40 Jahren mehr als verdoppelt.

Zudem sind in Deutschland ca. 1,25 Millionen und in Österreich mehr als 900.000 **Ehrenamtliche** im Sektor tätig. Entsprechend einer neueren Untersuchung war, wenn man deren informelle Arbeit (z.B. Nachbarschaftshilfe) und formelle Arbeit (im Rahmen von Organisationen) zusammen nimmt, im Jahr 2000 mehr als die Hälfte aller über 15-jährigen Österreicher/-innen ehrenamtlich tätig.

Daten über die **Finanzierung** von NPOs verdeutlichen sowohl eine hohe Abhängigkeit von staatlichen Geldern als auch die Tatsache, dass NPOs über weite Strecken unter Marktverhältnissen agieren. Insgesamt wurde 1995 fast die Hälfte der Einnahmen (48%) von NPOs aus Gebühren für Dienstleistungen und Verkaufserlösen akquiriert, der Anteil staatlicher Unterstützung betrug insgesamt (inklusive der Zahlungen der gesetzlichen Kranken- und Pflegeversicherungen) 41%, jener privater Spenden nur 11 Prozent.[8]

---

3 *Anheier* u. a. 2007.
4 *Schneider/Badelt/Hagleitner* 2007.
5 *Salamon/Anheier* 1996.
6 *Anheier/Priller/Seibel/Zimmer* 2007.
7 *Heitzmann* 2001, S. 197 ff.
8 *Salaman/Anheier* 2001.

3.1.5. Besonderheiten von NPOs

NPOs sind eine vielfältige Gruppe von Organisationen. Ihre Besonderheiten können daher nicht leicht verallgemeinert werden und sie bilden auch keine trennscharfe Abgrenzung von anderen Organisationen. Die im Folgenden genannten Merkmale sind allerdings häufig zu beobachten und spielen daher mit hoher Wahrscheinlichkeit auch eine Rolle im Hinblick auf Führung.[9]

3.1.5.1. Das Spannungsfeld unterschiedlicher Erwartungen und Logiken

Am deutlichsten fällt zunächst die hohe Konfrontation mit **Widersprüchen** auf. Organisationen können prinzipiell als Ort der Begegnung und Austragung von Unterschieden und Widersprüchen verstanden werden. Für NPOs gilt diese Widersprüchlichkeit allerdings meist in größerem Maß, da sie oft an den Schnittstellen von Privatwirtschaft, sozialen Bewegungen und der öffentlichen Hand agieren und an all diese gesellschaftlichen Subsysteme „anschlussfähig" sein müssen. Gerade für den Führungsalltag ist dieses Merkmal so wichtig, dass wir den Ausprägungen von Widersprüchen sowie ihren Folgen für die Organisationen und das Management ein eigenes Kapitel widmen (vgl. Kap.3.3.).

Diese hohe Bedeutung von Widersprüchen, die den Führungsalltag oft besonders voraussetzungsvoll und konfliktgeladen macht, ist nicht nur eine Herausforderung, sondern auch Grundlage eines Potenzials vieler NPOs. Sie haben es gelernt, vielseitig anschlussfähig zu sein, wenn man so will eine „**soziale Mehrsprachigkeit**" entwickelt, d.h. die Fähigkeit, in unterschiedlichen Logiken zu agieren, mit unterschiedlichsten Umwelten zu kooperieren und mit verschiedensten Personen verständigungs- und verhandlungsfähig zu sein.

Insgesamt müssen Zielsysteme in NPOs damit höheren und widersprüchlicheren Anforderungen genügen als in Wirtschaftsunternehmen und öffentlichen Verwaltungen.

Der Führung verlangt dies sowohl Flexibilität als auch hohe innere Stabilität ab, weiters eine hohe Konfliktfähigkeit. Flexibilität erfordert der Umgang mit verschiedenen Anspruchsgruppen. Für Führungskräfte ist es hilfreich, die Sprache möglichst vieler Stakeholder zu sprechen, sich in deren Denkwelt einfühlen und ihre Interessen nachvollziehen zu können. Konfliktfähigkeit ist notwendig, um nach außen hin unter widersprüchlichen Anforderungen noch handlungsfähig zu bleiben, aber auch, weil sich Mitarbeiterinnen unter widersprüchlichen Umweltbedingungen häufig mit nur einer Seite solidarisieren und äußere Konflikte damit zu organisationsinternen werden. Wer Konflikte scheut, wird generell als Führungskraft nicht erfolgreich werden, besonders schwer wird sie sich allerdings in NPOs tun.

3.1.5.2. Ein besonderer Umgang mit formalen Strukturen, Autorität und Macht

Als nächstes fällt auf, dass sehr viele NPOs Schwierigkeiten mit der Etablierung von formalen Strukturen, formaler Autorität und Macht haben. Häufig werden formale Strukturen nur unklar formuliert oder trotz klarer Regelungen nicht eingehalten. „Dienstwege"

---

[9] Vgl. ausführlich *Simsa* 2001.

werden umgangen, Ansprechpartner nicht angesprochen, in Entscheidungen werden zu viele oder zu wenige Personen einbezogen, Strukturen sind zwar klar formuliert, aber den handelnden Akteuren nicht bekannt, es herrschen das Anwesenheits- und Zufallsprinzip und eine „**Dominanz des Informellen**" etc.

Bei Entscheidungen besteht in der Folge ein hohes Maß an Begründungsbedarf und die Notwendigkeit der Einbeziehung möglichst vieler Mitarbeiter, was die Prozesse verlangsamt, qualitativ nicht immer besser macht, und entgegen verbreiteter Annahmen auch die Zufriedenheit der Einbezogenen nicht immer vergrößert. Denn wenn dies auch den Einbezogenen z.T. das Gefühl vermittelt, nicht übergangen zu werden, stellt sich bei anderen das Gefühl ein, sinnlos mit Themen beschäftigt zu werden, mit denen man sich anderenfalls gar nicht beschäftigen müsste.

Eine andere – wesentlich seltenere – Erscheinungsform dieses Phänomens ist die ebenfalls zu beobachtende Überbetonung von Formalismen und formalen Strukturen. Insbesondere in eher **verwaltungsorientierten NPOs** sind vorgeschriebene und akribisch eingehaltene Strukturen manchmal bürokratischer als in öffentlichen Verwaltungen, man redet einander auch nach Jahrzehnten der Zusammenarbeit noch mit dem Titel an, erstickt Kreativität oft schon im Keim durch Verfahrensregeln, erhebt Formvorschriften zum Gesetz und beschäftigt sich auch in Führungsgremien lange mit Fragen, wie etwa, welcher der beiden Vorstände zuerst auf einem Briefkopf angeführt werden muss.

Beide Tendenzen zeugen von der Schwierigkeit im **Umgang mit der eigenen Organisation**. Organisationen zeichnen sich durch das strukturelle Ordnungsprinzip der Hierarchie aus, mit unpersönlich-abstrakter, indirekter und ungleicher Kommunikation, Funktionsspezialisierung und Arbeitsteilung. Das unterscheidet sie von Gruppen, in denen es stärker um Bindung und Vertrauen, direkte Face-to-face-Kommunikation und wechselseitigen Austausch geht.

Menschen sind damit in Organisationen primär nicht als Menschen interessant, sondern als Funktionsträger mit bestimmten Fähigkeiten, Zuständigkeiten und Aufgaben. Oder wie es ein Kollege einmal formulierte: In Gruppen und sozialen Bewegungen sind Menschen Mittelpunkt – in Organisationen sind sie hingegen Mittel (hier ist der Punkt dann das Satzzeichen!).

Mitarbeiterinnen von NPOs, die aus Engagement und Begeisterung für eine Sache eintreten und dann häufig schlecht bezahlt in diesen Organisationen arbeiten, neigen oft zu einer verstärkten **Organisationsabwehr** – d.h. sie unterlaufen die Regeln und Rationalitäten formaler Organisationen wenn möglich, und versuchen informellere, persönlichere Formen der Kommunikation und Begegnung zu schaffen.

Insgesamt ist es jedenfalls schwer, die Organisation in der richtigen **Balance zwischen Formalität und Lebendigkeit** zu halten, bisweilen kommt es, wie oben beschrieben, auch zu besonders rigiden Formen im Umgang mit der eigenen Organisation.

Verbunden damit ist auch eine gewisse **Abwehr von Autorität und formaler Macht**. Man scheut sich, Autorität auszuüben, wird auch schnell diskreditiert, wenn man dies tut, übt Machtpositionen nur verschämt aus oder kommt gar nicht dazu, weil die Organisation diese so anlegt, dass sie ohnehin nicht wahrzunehmen sind (etwa in einer Frauenberatungsstelle, die aus insgesamt 12 Personen bestand, von denen 9 im Leitungsteam waren).

Innerorganisatorische Unklarheit kann vielfach als Antwort auf das Problem widersprüchlicher Anforderungen an die Organisation interpretiert werden. Der Grat zwischen der Bewahrung von notwendiger Vielfalt und irritierender Diffusität gestaltet sich in der Praxis oft sehr schmal.

NPO-Management muss sich daher bisweilen erst als solches etablieren und durchsetzen. Es ist immer eine gute Voraussetzung, Autorität in einem für die Organisation funktionalen Maß auszuüben. Erschwerend wirkt unserer Beobachtung nach, dass die Abwehr gegen formale Strukturen in den meisten NPOs mittlerweile subtiler geworden ist als dies früher der Fall war. Kaum jemand wird heute noch die Notwendigkeit von Autoritätsfunktionen und Strukturen explizit in Frage stellen, eine höhere wirkliche Akzeptanz geht damit allerdings manchmal nicht einher.

3.1.5.3. Zwischen Wirtschaft und Werten: Eine hohe Wertorientierung

Eine Gemeinsamkeit der meisten NPOs ist ihre wertgeladene Organisationskultur. Nicht Geld, sondern Committment zur gemeinsamen Sache sowie geteilte moralische Werte sind nicht nur Motiv für die Gründung dieser Organisationen, sondern prägen das Geschehen auch weiterhin in hohem Maß. Dies zeigen Untersuchungen in unterschiedlichsten NPOs, wie Wohlfahrtsverbänden, Gesundheits- und Erziehungs- und Bildungsorganisationen, entwicklungspolitischen Organisationen und Gewerkschaften. **Moral, Werte und ideologische Orientierungen** sind daher wichtige Kriterien für Entscheidungen.

Ideologien können Motivation und Engagement fördern und finden auch bei Kunden Gefallen. Nicht ohne Grund forcieren gewinnorientierte Organisationen die Durchsetzung einer geteilten Kultur und Ideologie. Viele formulieren „Mission-Papers", die sich in ihrer Rhetorik kaum von jener stark wertorientierter NPOs unterscheiden. Während diese Versuche von Mitarbeitern und Kunden allerdings nicht immer ernst genommen werden, ist hohe ideologische Zustimmung in NPOs fast garantiert und stellt einen wichtigen Konkurrenzvorteil dar.

Gleichzeitig können diese Wertorientierungen, wenn sie unreflektiert oder strategisch eingesetzt werden, auch **dysfunktionale Effekte** haben. So können sie zur Abschottung gegenüber der Umwelt benutzt werden, zur Einbremsung von Kontrahenten in Konflikten (der andere wird dann z.B. als unmoralisch diffamiert, ein Killerargument, gegen das wenig zu sagen ist), zur Verhinderung notwendiger Veränderungen etc. Weiters kann die mit der ideologischen Orientierung häufig einhergehende hohe Emotionalität sehr anstrengend sein, einen leichtgängigen, funktional gesehenen Umgang mit der Organisation erschweren und damit sogar Erschöpfungs- und Burn-Out-Phänomene verursachen. Weiters kann die ideologische Orientierung v.a. in sozialen Organisationen oft eine dysfunktionale Neigung zur Konfliktvermeidung bewirken, andererseits kann die hohe Personalisierung und Emotionalisierung des Feldes auch zu raschen Konflikteskalationen führen. Insgesamt ist jedenfalls eine Tendenz zur Personalisierung von Konflikten bemerkbar. Konflikte werden auch oft auf ideologischen Nebenschauplätzen ausgetragen – es geht z.B. um Macht, geredet wird aber über die richtige soziale Einstellung.

Für die Führung ist die hohe Wertorientierung in den Organisationen grundsätzlich von Vorteil. Sowohl Führungskräfte als auch Mitarbeiter sehen Sinn in ihrer Arbeit bzw.

jener der Organisation, Engagement orientiert sich weniger an Belohnungen oder der Androhung von Sanktionen und Motivation ist somit „garantiert". Es gilt daher, die zentralen Werte der Organisation sehr behutsam zu bewahren, sie gegebenenfalls vor Anpassungsdruck an die Wirtschaft und an Managementmoden zu schützen, den Umgang damit aber zu reflektieren und gewissermaßen beweglich zu halten, sodass die potenziellen Risiken dieser Organisationskultur nicht wirksam werden.

3.1.5.4. Unterschiedliche Mitarbeitergruppen

Viele NPOs vereinen unter einem Dach hauptberufliche, also voll bezahlte Mitarbeiterinnen, ehrenamtliche, also unbezahlte Mitarbeiterinnen (oft auch als Freiwillige bezeichnet) und zusätzlich noch unbezahlte – oft stark engagierte und involvierte – Funktionäre. Dies ist eine spezifische Herausforderung an die Führung, die in dieser Form in profitorientierten Organisationen oder auch in Bereichen der öffentlichen Hand unbekannt ist.

Hier verbergen sich gleich zwei gewaltige Herausforderungen: Erstens die Führung unbezahlter Mitarbeiterinnen, wo viele Mittel und Werkzeuge der Führung (wie Prämien, Entlohnung, Zielvereinbarungen, schriftliche Verträge, Sanktionen etc.) gar nicht oder nur deutlich reduziert einsetzbar sind. Und zweitens das Zusammentreffen so unterschiedlicher Mitarbeitergruppen unter einem Dach.

Diese Besonderheiten wollen wir hier nicht weiter ausführlich erörtern, da wir darauf an mehreren Stellen dieses Buches eingehen – hier nur soviel:

Diese Eigenheit des Managements oder der Führung, die die Anforderungen in NPOs komplexer und schwieriger machen als in gewinnorientierten Unternehmen, zeigt deutlich, dass das verbreitete Bild, in NPOs werde unprofessioneller gearbeitet, ein unreflektiertes ist. Wer wirklich etwas von Motivation und Begeisterung, von intrinsischer Überzeugung verstehen will, sollte einmal unbezahlte freiwillige Mitarbeiterinnen geführt haben.

3.1.6. Steigende Ansprüche an die Professionalisierung der Führung von NPOs

Die Bedingungen für viele NPOs sind in den letzten Jahren ökonomisch härter geworden und auch turbulenter, d.h. von einer wachsenden Veränderungsgeschwindigkeit geprägt. Damit steigen die Anforderungen an Flexibilität, Leistungsfähigkeit und Legitimationsfähigkeit. Vielen NPOs wird mehr **Marktorientierung** und stärkeres unternehmerisches Handeln abverlangt.

Auch die direkte **Konkurrenz** von NPOs zu Wirtschaftsorganisationen wächst in bestimmten Bereichen, z.B. bei den so genannten „sozialökonomischen" Projekten in der Behindertenbetreuung, bei der Asylantenbetreuung, die der Staat an privatwirtschaftlich geführte Firmen als Auftrag vergibt, usw. Gleichzeitig werden aber auch die Bedürfnisse von Klienten und die Nachfrage nach Leistungen größer und vielfältiger, ein Trend, der sich in nächster Zeit noch verstärken wird.

Insgesamt wachsen die Anforderungen an **Effizienz**, Professionalisierung und Erfolgsnachweise. Auch operative Prozesse wie z.B. Marketing oder Public Relations werden anspruchsvoller.

Parallel zur Bedeutungszunahme des Sektors entwickelt sich auch ein **Selbstverständnis des NPO-Managements** als Management. Während bis vor einigen Jahren „richtiges" Management noch eher in der Privatwirtschaft und bestenfalls noch in der öffentlichen Verwaltung verortet wurde, etabliert sich nun eine Identität der NPOs und ihrer Manager. Teilweise finden hier Angleichungsversuche an Profitorganisationen statt, die das Resultat von Konkurrenz, finanziellem Druck und auch Dynamiken des Sektors sind.

Während früher Engagement und Commitment zu den Werten der Organisation ausreichte, steigt nun also die Bedeutung von „Professionalität". Dies betrifft sowohl die Dimension der Wirtschaftlichkeit in der Führung als auch die „soft skills" des Managements.

Gleichzeitig steigen auch die Anforderungen von außen. Diese orientieren sich oft an einem mehr oder weniger diffusen Begriff von Professionalisierung. Im Kurztext 2.3. haben wir jene Aspekte der Professionalisierung von Führung zusammengefasst, die unserer Erfahrung nach besonders wichtig für NPOs sind.

In den Kapiteln 4 und 5 sollen die unterschiedlichen Aufgabenfelder von Führung im Einzelnen dargestellt werden, in ihrer Bedeutung für NPOs diskutiert und jeweils mit konkreten Vorschlägen illustriert werden.

3.2. Unterschiedliche Typen von NPOs: verwaltungsnahe, basisnahe und wirtschaftsnahe Organisationen

3.2.1. Einleitung: verschiedene Unterscheidungskriterien und die hier vorgeschlagene Typologie

Wie bereits beschrieben, ist die Gruppe der NPOs eine höchst heterogene, und die konkrete Art der Organisation macht einen relevanten Hintergrund für die Führungssituation aus. Es gibt verschiedene Unterscheidungskriterien von NPOs, welche jeweils anderes in das Blickfeld bringen. Wir werden im Folgenden zunächst die wichtigsten Typisierungen nennen. Danach heben wir eine weniger bekannte Form der Unterscheidung hervor und beschreiben ihre Bedeutungen für die Führung.

Ein zentrales Unterscheidungsmerkmal ist die **Organisationsgröße** – es ist etwas grundsätzlich anderes, einen kleinen Verein mit zwei bis drei Angestellten und einigen Mitgliedern zu führen, als eine Organisation mit über tausend Mitgliedern, die vielleicht auch noch international tätig ist, und sich auch räumlich über einen großen Bereich erstreckt.

Ein weiteres Unterscheidungskriterium ist natürlich auch der inhaltliche **Tätigkeitsbereich** der Organisation. Umweltschutzorganisationen müssen anders geführt werden als Sportorganisationen, Sozialorganisationen wiederum haben andere Merkmale als Interessenvertretungen und Bildungseinrichtungen stellen andere Anforderungen an die Führungskräfte als Freizeit- oder Kulturorganisationen. Nirgendwo wird so deutlich wie in NPOs, wie stark die Art der Aufgabe und die Ziele die Kultur, die Struktur und auch die

Führung prägen. Was bei Greenpeace als zu weich, kann so im Bereich der Pflege als zu hart, was bei amnesty als zu autoritär, kann so bei der Feuerwehr als zu basisdemokratisch interpretiert werden. Nirgendwo sonst sind unserer Erfahrung nach Führungskräfte so stark gefordert situativ zu agieren wie in NPOs.

Eine weitere häufige Einteilung ist jene nach der **Rechtsform**, hier kann unterschieden werden nach Vereinen als der häufigsten Form, gemeinnützigen Genossenschaften oder Stiftungen und gemeinnützigen GmbHs. Wir werden aber hier nicht näher auf die konkreten Anforderungen dieser einzelnen Typen eingehen, die Rechte und Pflichten von Geschäftsführern, Vorständen etc. sind bereits ausreichend beschrieben.

Unserer Erfahrung nach hochrelevant für die Organisationskultur und damit für die Führung ist die Unterscheidung nach der **Orientierung an gesellschaftlichen Systemen**. So kann eine Unterscheidung in verwaltungsnahe, basisnahe und wirtschaftsnahe NPOs erfolgen.

Zentrales Kriterium ist die Nähe von NPOs zu gesellschaftlichen Systemen, d. h. die Bedeutung, die diese für Orientierungen (Entscheidungskriterien, Bedeutungszuschreibungen, Organisationskultur, Ziele, Finanzierung etc.) der NPO innehaben. Den für NPOs bedeutsamsten Systemen entsprechend kann ein „dreipoliges Feld" von Wirtschaft, Politik und Basis aufgespannt werden, die Organisationen werden dann unterschieden nach wirtschaftsnahen, verwaltungsnahen und basisnahen NPOs.

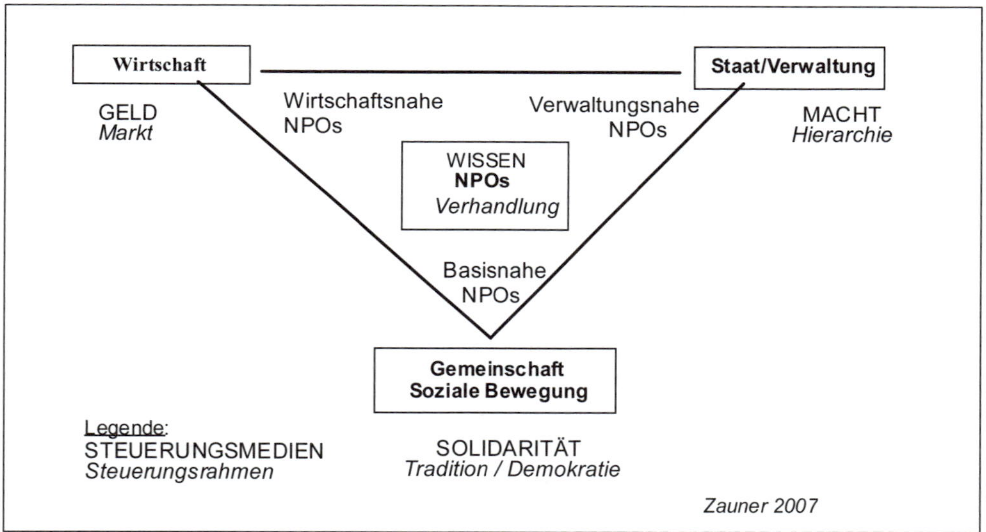

3.2.2. Wirtschaftsnahe NPOs: Elan und Klarheit, aber weniger Werte

Wirtschaftsnahe NPOs folgen in hohem Ausmaß der **Logik der Ökonomie**, sie unterscheiden sich im Extremfall nur in ihrer Rechtsform von gewinnorientierten Organisationen. Sehr häufig sind solche Organisationen aus der Wirtschaft heraus entstanden – wie z.B. Vertretungsorganisationen allgemein (etwa die Industriellenvereinigung) oder Interessenverbände (z.B. Verband der PR-Fachleute). Oft haben sich auch Teile von NPOs im Lauf ihrer Geschichte in Richtung Wirtschaft entwickelt (z.B. die Pannenhilfe der Autofahrerclubs). Oder es handelt sich hier um Organisationen, die zur Gänze oder zum großen Teil von der Wirtschaft finanziert werden (Kunststoffforum), oder aus dem Zusammenschluss von Wirtschaftstreibenden mit gemeinsamen Interessen entstanden sind – also typisch Genossenschaften oder Versicherungsvereine. Hier finden sich tendenziell klarere Strukturen, Werte haben eher geringere Bedeutung als in anderen NPOs, Entscheidungen sind deutlich am Geld orientiert, die Mitarbeiterorientierung ist oft schwächer ausgeprägt und ehrenamtliche Arbeit spielt eine geringere Rolle.

Je näher so eine wirtschaftsnahe NPO an der Wirtschaft ist, umso mehr wird sie sich an der Logik der Wirtschaft orientieren und umso mehr wird die Frage auftauchen, ob es sich hier noch um eine NPO handelt – eine wesentliche Diskussion z.B. in allen Genossenschaften. Wichtig ist hier unserer Erfahrung nach die Richtung, die eine Organisation einschlägt – bewegt sich die Organisation eher weg von der Wirtschaft (will der Autofahrerclub in Hinkunft stärker Interessenvertretung betreiben und die Pannenhilfe ist nur ein Teil, der auch eigenständig organisiert werden kann) oder bewegt sie sich in Richtung Wirtschaft (die Interessenvertretung des Autofahrerclubs verliert an Bedeutung – er bewegt sich in Richtung einer reinen Pannenhilfeorganisation, und dann wohl auch Reisebüro etc.)

Bedeutungen für die Führung

Um den spezifischen Charakter der NPO zu bewahren, ist es hier besonders wichtig, sich über die zentralen **Werte** der Organisation Klarheit zu verschaffen, und diese auch vor **ökonomischen Vereinnahmungstendenzen** zu schützen. Es kann auch sinnvoll sein, wirtschaftsnahe Teile von anderen zu trennen (z.B. durch Auslagerung von profitorientierten Teilen in eigene Rechtskonstruktionen). Weiters sind Bewegungen der Organisation zu beobachten und bewusst zu gestalten, sodass wichtige Werte und Kulturmuster nicht unter der Hand durch eine zu starke Annäherung an die Wirtschaft verloren gehen.

Für die Führung bedeutet dies eine regelmäßige qualitative Auseinandersetzung mit den Gremien (z.B. in der Genossenschaft) darüber, in welche Richtung die Entwicklung gehen soll. Der Führungskraft einer wirtschaftsnahen NPO sollte aber jedenfalls klar sein, dass sie im Regelfall an vergleichbaren anderen Organisationen aus der Wirtschaft gemessen wird und nicht an Kollegen in NPOs.

3.2.3. Verwaltungsnahe NPOs: Stabilität, aber wenig Autonomie

Verwaltungsnahe NPOs erfüllen unter meist weitgehender Finanzierung durch die öffentliche Hand Aufgaben der **öffentlichen Verwaltung** und sind diesen oft in zentralen Kulturmustern und Entscheidungslogiken nicht unähnlich.

Beispiele dafür sind Wohlfahrtsverbände oder von der öffentlichen Hand ausgelagerte Organisationseinheiten wie z.B. im Bereich der Bewährungshilfe. Hier finden sich häufig **formal ausgeprägte Strukturen**, die Organisation ist eher behäbig, aber dafür berechenbar, oft ist eine starke **Orientierung** von Entscheidungen **an der Politik** und ihren Interessen beobachtbar. Ehrenamtliche Arbeit findet sich teilweise an der Basis (hier vertreten die ehrenamtlichen Mitglieder oft deutlich andere Werte und Ziele als die Funktionäre und Entscheidungsträger), teilweise in Gremien, wie etwa Aufsichtsräten und Vorständen (hier vertreten die ehrenamtlichen Funktionsträger deutlicher die Interessen des politischen Systems).

Die Leiterin einer großen ausgelagerten Dienststelle beschreibt ihre Rahmenbedingungen wie folgt: „Bei meiner Organisation bietet die Nähe zur öffentlichen Verwaltung etwas mehr Sicherheit, dafür besteht allerdings auch weniger Freiheit. Ein großer Teil der Tätigkeit ist durch Gesetze und Verordnungen geregelt, gleichzeitig ist auch unser Markt, unser Kunde relativ stabil, aber auch für uns nicht veränderbar. Weiters habe ich mit dem Beamtendienstrecht weniger Spielraum bei Verträgen. Es gelten insofern andere Spielregeln als in der Wirtschaft."

Ein anderes Beispiel sind Vereine, die Aufgaben der öffentlichen Hand ausgelagert bekommen und wo diese Auslagerung eine höhere Flexibilität, Konzentration und auch Nähe zu Kunden oder häufig eher Klienten herstellen soll. Beispiele sind der Verein für Bewährungshilfe, der Verein für Sachwalterschaft – heute VertretungsNetz –, oder Entwicklungshilfestellen, die öffentliche Subventionen verwalten.

Bedeutungen für die Führung

Hier liegt die große Herausforderung darin, sich nicht zu weit von den Mustern, Regeln und Ansprüchen der **öffentlichen Verwaltung** zu entfernen – ihnen aber dabei nicht zu ähnlich zu werden. Meist stellt das Leben in und mit der **Budgetlogik** der öffentlichen Verwaltung eine wichtige Herausforderung dar. Schwierigkeiten liegen in der problematischen Reservenbildung, welche die Spielräume der Führung stark einschränkt, einer teilweise geringen Bereitschaft der öffentlichen Hand zu verbindlichen und zumindest mittelfristig planbaren Vereinbarungen und in den immer noch von hohen Kontrollen und inhaltlichen Vorgaben bestimmten **Leistungsverträgen**. Während diese grundsätzlich darauf ausgerichtet sind, statt der Subventionierung von Kosten Preise für erbrachte Leistungen zu bezahlen, werden de facto oft zwar Preise bezahlt, trotzdem aber Kosten kontrolliert und Detailinterventionen sind keine Ausnahme – NPOs können sich damit oft weder der Sicherheit von Subventionen noch der Freiheit des Marktes erfreuen. Da zudem oft Leistungen verlangt werden, die von den Leistungsverträgen nicht abgedeckt sind, und weiters primär messbare Größen wie die Anzahl betreuter Klienten etc. vertraglich festgehalten und kontrolliert werden, nicht aber die Qualität der Leistungen, bleibt NPOs in vielen Fällen nur die Ausweichstrategie von Qualitätsverschlechterungen.

Hier liegt eine große Herausforderung für die Führung der NPOs in der pro-aktiven Kennzahlenbildung. Je weiter sich die NPO verselbstständigt, desto weniger kann die öffentliche Hand noch verstehen, woran sie zu messen ist – das führt häufig zu sehr einfachen, aber nicht immer intelligenten Kennzahlen – hier muss in engem Kontakt mit der finanzierenden Stelle an der Entwicklung geeigneter Kriterien der Leistungsmessung gearbeitet werden.

Eine weitere Bedeutung liegt sicher in den oft **bürokratischen Strukturen** und generell **hohen politischen Verflechtungen** – Entscheidungsspielräume sind oftmals eng durch gesetzliche Vorgaben oder Verordnungen eingeschränkt, Strategien wiederum benötigen die Zustimmung des häufig politisch besetzten Aufsichtsrates oder von Politikern bzw. Verwaltungsbeamten derjenigen Stelle, die die NPO beauftragt. Dabei gibt es Bereiche, in denen die Kooperation zwischen NPO und öffentlicher Hand sehr gut funktioniert – in aller Regel beruht dies auf der Kombination von sehr klaren gesetzlichen Vorgaben und guten Beziehungen zwischen den handelnden Personen auf beiden Seiten,[1] häufig erleben sich NPOs allerdings auch als Bittsteller und zudem stark in ihrem unternehmerischen Spielraum eingeschränkt – die Konzentration auf die Sache muss dann zurückstehen hinter der Konzentration auf strategisch-diplomatische Vorgangsweisen.

Diese verwaltungsnahen Organisationen bedeuten für Führungskräfte häufig auch noch eine besondere Form von **Widersprüchlichkeit** – wie am Beispiel der österreichischen Bewährungshilfe verdeutlicht werden kann: Der Staat, hier vertreten durch das Justizministerium, lagert die Erbringung dieser gesetzlich definierten Leistung unter anderem auch aus, um Bewährungshelfer, engagierte Juristen und Sozialarbeiter zu gewinnen, die niemals in einem Ministerium zu arbeiten bereit wären. Diese engagierten Mitarbeiter stoßen nun täglich auf Missstände und Unzulänglichkeiten, die auch in den Gesetzen begründet sind und versuchen Druck auf das Ministerium auszuüben eben diese Gesetze oder Verordnungen zu verändern. Die Führungskraft in diesem Verein wird so rasch zum Sandwich zwischen dem Geld- und Auftraggeber Ministerium und den Mitarbeitern.

3.2.4. Elan, Werte und Leben, aber Diffusität: Basisnahe NPOs

Basisnahe NPOs sind eng an **soziale Bewegungen** oder Interessengruppen gekoppelt, aus denen sie hervorgegangen sind. Die Logik von Macht oder von Geld zählt in ihnen vergleichsweise wenig, Solidarität mit ihrer Basis und ideologische Orientierungen bestimmen den Organisationsalltag. Beispiele dafür sind viele der politischen NPOs im Rahmen von Menschenrechts-, Entwicklungs- oder Umweltpolitik. Hier finden sich Besonderheiten von NPOs am deutlichsten ausgeprägt: Wertgeladene Organisationskultur, eine inspirierende, oft aber auch anstrengende Buntheit, Mitarbeiterorientierung, diffuse Strukturen, viel Elan, häufig aber wenig Stabilität.

Auch hier ist wieder die Frage der Entwicklungsrichtung eine entscheidende. Ist der Verein, der aus einer Bürgerinitiative heraus entstanden ist, nur ein vorübergehendes Mittel zum Zweck und sollte sich nach Erfolg der Initiative wieder auflösen? Oder verselbstständigt sich die Idee, verallgemeinert sie sich und aus der Bürgerinitiative zur Rettung einer Wiese wird Schritt für Schritt eine nationale Umweltorganisation? Dann wird sie sich auch ein paar Schritte entfernen von den Ideen und Werten der Gründer und wird sich Schritt für Schritt mehr organisieren und eben professionalisieren müssen. Oder wird aus der ehemals basisorientierten Selbshilfevereinigung (freiwillige Feuerwehr eines kleinen Dorfes) schrittweise eine erfolgreiche profitorientierte landesweite Feuerwehr?

---

[1] *Simsa/Schober/Schober* 2004.

Bedeutungen für die Führung

Diese Art der NPO vereinigt am ehesten all jene Merkmale, die wir in anderen Teilen des Buches als NPO-typisch beschreiben und in ihren Konsequenzen diskutieren. Exemplarisch seien daher nur die folgenden Besonderheiten für die Führung genannt:

Zum einen kann sicher auf hohes Engagement und **Commitment** der Mitarbeiter gebaut werden und der zudem meist persönliche Umgang kann das Führen sicher zu einer sehr befriedigenden Arbeit machen. Wenn überhaupt eine Organisation, dann schaffen es diese, den Grundwiderspruch zwischen Organisation und Person ein Stück weit aufzuheben. Stellvertretend zitiert für viele Führungskräfte, die sinngemäß Ähnliches beschrieben haben, sei der Ausspruch eines Managers, der nach jahrelanger Tätigkeit in einem Wirtschaftsunternehmen nun in einer Umweltschutzorganisation arbeitet: „Ich arbeite jetzt an einer wirklich sinnvollen Sache, ich weiß endlich, warum ich in der Früh aufstehe und arbeiten gehe. Und noch dazu arbeite ich mit Menschen, die mir wirklich näher gekommen sind. Sie gehen mir zwar manchmal auch auf die Nerven, wenn manches komplizierter gemacht wird als notwendig, aber ich mag sie gerne und ich kann mich zu hundert Prozent auf sie verlassen."

Herausforderungen liegen sicher in einigen an anderer Stelle des Buches weiter beschriebenen Phänomenen:

Führung wird nicht immer leicht akzeptiert, die Idee, dass eine Person mehr Autorität und Entscheidungskompetenz haben sollte als andere, wird häufig mit Skepsis, oft aber auch mit manifestem oder latentem Widerstand bedacht. Auch formale Strukturen, die letztlich den Führungsalltag deutlich erleichtern können, sind bisweilen nur unter Schwierigkeiten aufrechtzuhalten und Entscheidungs- wie auch Veränderungsprozesse dauern besonders lange. Hier braucht es viel **milieuspezifisches Verständnis** und soziales Geschick der Führungskraft, um zum einen ausreichend anschlussfähig an die Kultur der Organisation, an deren Tradition und an Erwartungen der Mitarbeiter zu bleiben, andererseits diese aber auch ausreichend zu irritieren, um als Führungskraft wirksam zu sein. Eine notwendige Kernkompetenz ist jedenfalls der produktive – oder zumindest geduldige – Umgang mit Widersprüchen.

Wichtig ist auch die Reflexion der Frage, wie nahe die Organisation an den Ideen der Gründer bleiben soll, oder der Initiativen, aus denen sie entstanden ist, ebenso wie der Frage nach der Bedeutung freiwilligem Engagements und dessen Sicherstellung auch in der Zukunft. Die **Führung von freiwilligen**, also unbezahlten oder wenig bezahlten Mitarbeitern, ist hier sicher ein großes Thema, weiters die Anforderungen, mit zunehmender Reife der NPO auch formale Strukturen und höhere Professionalität zu etablieren, ohne die Orientierung an Grundwerten damit zu verlieren.

3.2.5. NPOs orientieren sich oft an mehreren dieser Welten

In der Praxis können NPOs in graduell unterschiedlicher Ausprägung an allen drei Systemen orientiert sein. Häufig befinden sich NPOs **zwischen unterschiedlichen Polen** und müssen damit widersprüchliche Anforderungen und Logiken vereinbaren – und in nicht wenigen Fällen ist gerade die Verbindung dieser Welten ihre ureigenste Aufgabe (zB die

Genossenschaft versucht die Anforderungen der Wirtschaft an die Mitglieder mit den basisorientierten Erwartungen und Anliegen der Mitglieder zu verbinden).

Oft sind auch **Veränderungen im Lebenszyklus** der Organisation beobachtbar. Der organisatorische Leiter eines psychiatrischen Krankenhauses etwa beschrieb hohe Veränderungen der Organisation. Diese war in den 70er Jahren von einer starken Verwaltungsnähe gekennzeichnet, und von verwaltungstypischen Kulturmustern geprägt. Auch die Patienten wurden im Wesentlichen „verwaltet". Mit der Reform der Psychiatrie und stärkerer öffentlicher Aufmerksamkeit verschob sich die Orientierung zugunsten einer stärkeren Basisorientierung. Patientenanwälte, mediale Berichterstattung und öffentliche Diskussionen gewannen an Bedeutung. Da allerdings auch eine gewisse Verwaltungsnähe aufrecht blieb, mussten neue interne Widersprüche balanciert werden. Im Zuge staatlicher Finanzierungsprobleme wurde in den 90er Jahren eine stärkere ökonomische Orientierung gefordert, die Organisation musste zwangsläufig „wirtschaftsnah" werden.

Die vorgestellte Typisierung kann vor allem zu praktischen Fragen anregen, mit denen die eigene Organisation analysiert werden kann. Die Analyse von Kulturmustern der Organisation ist eine wichtige Basis für die Reflexion und gegebenenfalls Veränderung des eigenen Führungshandelns, insbesondere für eine gezielte Arbeit an der Organisationsentwicklung.

- An welchen Systemen (Politik, Wirtschaft, Basisbewegung) ist unsere Organisation vorrangig orientiert?
- Welche Besonderheiten dieses Systems nehmen wir am deutlichsten wahr?
- Wie haben wir uns darauf eingestellt?
- Was ist das gemeinsame unserer Organisation mit diesem System?
- Und wo wollen und sollen wir uns deutlich unterscheiden?
- Womit haben wir Schwierigkeiten?
- Wie weit sind unsere Strategien, Kulturmuster, Ähnlichkeiten und Abgrenzungsbemühungen sinnvoll?
- Wenn diese an zwei Systemen gleichzeitig stark orientiert sind: Welche Widersprüche stellt das für uns dar und wie gehen wir damit um?

3.3. Widersprüche und Spannungsfelder in NPOs

3.3.1. Einstieg: NPOs als Feld von Widersprüchen

Eine Antwort auf die Frage, was denn Führung im Kern ausmacht, lautet: Führung ist die produktive Handhabung von Unterschieden. Auch Organisationen verstehen wir prinzipiell als Ort der Begegnung und Austragung von Unterschieden und Widersprüchen. Im Alltag von NPOs spielen diese häufig eine besonders große Rolle, zumal sehr viele NPOs an der Schnitt- oder Nahtstelle unterschiedlicher gesellschaftlicher Subsysteme – wie Wirtschaft, öffentliche Verwaltung, soziale Bewegung etc. – tätig sind und ihre Aufgabe gerade eben darin besteht, diese Unterschiede produktiv auszubalancieren oder wenigstens zu thematisieren.

Auch in Wirtschafts- oder Verwaltungsorganisationen treffen unterschiedliche und oft widersprüchliche Interessen von verschiedenen Personengruppen (Ältere und Jüngere, Qualifiziertere, weniger Qualifizierte..), von verschiedenen Personentypen (Veränderungsfreudige und Traditionsinteressierte, Langsame und Schnelle...), oder von verschiedenen Bereichen mit je eigener Logik (z.B. Verwaltung und Vertrieb) aufeinander. Eine **Wirtschaftsorganisation** muss z.B. die unterschiedlichen Interessen von Mitarbeiterinnen, der Führung und von Eigentümern bearbeiten, in Konzernen ranken sich häufig Konflikte um Widersprüche zwischen der Mutterfirma und den Töchterorganisationen etc. Auch vor staatlichen **Behörden**, die früher als Musterbeispiele widerspruchsfrei funktionierender Hierarchie galten, machen Widersprüche nicht halt, z.B. jene zwischen Verändern und Bewahren, zwischen der häufig proklamierten Mitarbeiterorientierung und der gleichzeitig traditionell praktizierten autoritären Führung, zwischen Bürgerorientierung und Hoheitsverwaltung, zwischen einzelnen Bereichen, die um Anteile am Budget konkurrieren etc. Organisation bedeutet also Widerspruch.

Dennoch kann hohe Widersprüchlichkeit als Charakteristikum für NPOs gelten, da sie diese in besonderem Maß betrifft. So müssen sie unterschiedlichen **Systemlogiken** genügen, ohne eine davon langfristig vorziehen zu können. Eine Sozialorganisation z.B. muss der Logik der Politik, jener der Sozialen Arbeit und auch jener der medialen Öffentlichkeit entsprechen. Ein Ordensspital muss sich an den Anforderungen und der Kultur der Kirche ebenso orientieren wie an jenen des Gesundheitssystems, wobei gleichzeitig oft auch die Logik der Wirtschaft berücksichtigt werden muss. NPOs haben zumeist vielfältige gesellschaftliche Funktionen und diese erfordern häufig vielfältige Strategien. Auch Profitorganisationen müssen natürlich in verschiedenen Welten anschlussfähig sein und verschiedene Logiken in ihrer Arbeit berücksichtigen. Letztlich können sie sich aber viel stärker als NPOs auf die Erfordernisse des Marktes, der Ökonomie zurückziehen – so werden zumeist Ideologien wie auch inhaltliche Orientierungen geändert, wenn dies höheren Profit bringt. Im Zweifelsfall gibt es in Profitorganisationen also immer eine Logik, die die anderen „aussticht" – die Logik des Geldes oder des Gewinns.

NPOs dürfen keine der Logiken priorisieren, d.h. zum vorrangigen Entscheidungskriterium wählen: Während ein gewinnorientiertes Spital den Betrieb einstellt, wenn langfristig keine Rentabilität gegeben ist, wird die NPO dies in der Regel nicht tun.

NPOs sind mit **widersprüchlichen Erwartungen** von Seiten ihrer Umwelt konfrontiert, die sie meist ausgleichen müssen, manche Autoren beschreiben sie daher primär als **Multiple-stakeholder-Organisationen.** Schon ehren- und hauptamtliche Mitarbeiterinnen haben häufig unterschiedliche Interessen, die Medien dagegen oder die Geldgeber der öffentlichen Hand oder der eigene Vorstand wiederum erwarten darüber hinaus noch Unterschiedliches – oft schwer zu Vereinbarendes – von der Organisation. Betroffene Jugendliche haben z.B. andere Vorstellungen davon, was effektive Drogenarbeit bedeutet, als deren Eltern, die öffentliche Hand, die solche Leistungen häufig finanziert, hat wiederum eigene Interessen und die Öffentlichkeit macht sich ebenfalls ein Bild und erhebt den Anspruch, mitzuentscheiden. Alle haben irgendwelche Interessen und sie haben auch eine gewisse Macht der Durchsetzung derselben. Während Wirtschaftsunternehmen in letzter Konsequenz den Erwartungen der zahlenden Kundinnen folgen und die Politik jenen der Wählerinnen, müssen NPOs diese unterschiedlichen Interessen stärker austarieren. Auch dies ist ein Phänomen, das alle Organisationen kennen, aber NPOs haben weniger Möglichkeit, dies durch einseitige Prioritätensetzung zu lösen.

Sehr viele NPOs können letztlich sogar so verstanden werden, dass sie eine intermediäre Position einnehmen, d.h. ein verbindendes **Zwischenglied** zwischen unterschiedlichen Bereichen der Gesellschaft darstellen. Sie können demnach unterschiedliche gesellschaftliche Funktionssysteme, wie die Wirtschaft, die Politik oder das Gesundheitssystem verbinden, oder auch eine Mittlerfunktion zwischen unterschiedlichen gesellschaftlichen Gruppen einnehmen, wie etwa Arbeitnehmerinnen und Arbeitgeberinnen, Immigrantinnen und Einwohnerinnen eines Landes, oder sie können als Vermittlungsinstanz zwischen Bürgerinnen und Staat fungieren.

Es ist also nicht verwunderlich, dass Forschungsergebnisse weitgehend darin übereinstimmen, dass das **Management** von NPOs besonders starken **Widersprüchen** ausgesetzt ist. Wesentlich ist dabei, dass NPOs weniger Möglichkeiten haben, bestimmte Anforderungen vorrangig zu berücksichtigen. Sie sind also nicht unbedingt mehr Widersprüchen ausgesetzt, aber sie haben eingeschränktere Möglichkeiten, diese nach nur einer Logik zu lösen. Diese Situation wird dadurch erschwert, dass es in Zusammenhang mit den Leistungen der meisten NPOs nur **wenig messbare Erfolgskriterien** gibt, die als klare Entscheidungsrichtlinien gelten könnten, auch die komplexitätsreduzierende Orientierungsfunktion von Geld bzw. finanziellem Erfolg ist naturgemäß eingeschränkt, monetäre Größen sind bestenfalls eine unter mehreren Orientierungen.

NPO-Management steht also in der Regel in besonders hohem Maß widersprüchlichen Anforderungen gegenüber.[2] Wann immer die Zeiten ökonomisch oder sozial härter werden, werden diese Widersprüche besonders konflikthaft spürbar.

Im Folgenden sollen die wesentlichsten dieser Widersprüche in Form von sehr pointiert formulierten Anforderungen dargestellt werden.

3.3.2. Häufige Widerspruchslagen

Gesellschaftliche Einflussnahme: Seid innovativ, aber passt euch an!

Als Multiple-stakeholder-Organisationen, die in vielfältiger und bisweilen widersprüchlicher Form in gesellschaftliche Subsysteme eingebettet sind, müssen NPOs häufig auch in Bezug auf ihre gesellschaftliche Funktion höchst divergierenden Ansprüchen gerecht werden. Häufig werden sie gleichzeitig dafür kritisiert, zu angepasst an herrschende gesellschaftliche Normen und Strukturen zu agieren, wie auch dafür, zu konfrontativ zu sein. Während z.B. öffentliche Geldgeber einer arbeitsmarktpolitischen Organisation primär eine reibungslose Abwicklung von Weiterbildungsleistungen erwarten, fordern Mitarbeiter, private Spender oder auch Klienten die Kritik und die Änderung von herrschenden Arbeitsmarktstrukturen und -politik.

---

2 *Simsa* 1999.

Wie ein Interviewpartner das Dilemma unterschiedlicher Zuschreibungen und Anforderungen pointiert ausdrückte: „Für die einen sind wir längst Kapitalisten, für die anderen arbeiten wir mit dem Sozialschmäh.“ Auch innerhalb einzelner Anspruchsgruppen bestehen divergente Erwartungen. So berichtete ein Manager einer umweltpolitischen Organisation, dass ein und dieselbe Aktion bisweilen wütende Proteste der Organisationsmitglieder hervorrufe, die sich allerdings z.T. auf die „Zahnlosigkeit“ und Angepasstheit der Aktion, z.T. aber auch auf deren zu hohe Provokation bezögen.

Gesellschaftliche Leistungserbringung: Übernehmt Wohlfahrtssicherung, aber leistet der Individualisierung und Privatisierung von Problemen nicht Vorschub!

Auch in Bezug auf die Differenz von Schadensbegrenzung und politischer Einflussnahme werden widersprüchliche Erwartungen an NPOs gerichtet. Auch dieser Widerspruch betrifft die strategische Orientierung der Organisation. Von NPOs wird die Übernahme wohlfahrtssichernder Arbeit verlangt, gleichzeitig wird dies aber oft als Rückfall in vormoderne, zu liberale Strukturen kritisiert. Vor allem soziale NPOs sehen sich oft im **Spannungsfeld** zwischen politischem **Lobbying** und dem konkreten Angebot von **Leistungen**. Und damit stehen sie häufig vor einem paradoxen Dilemma: Je besser sie arbeiten, desto eher kann die öffentliche Hand Verantwortung abgeben. Je besser sie arbeiten, desto besser federn sie damit die von anderen Organisationen verursachten oder zumindest nicht gelösten Probleme ab, und umso eher können sie damit die Lösung von Problemen hinauszögern bzw. weniger notwendig machen. Und umso mehr festigen sie damit das, was sie eigentlich verändern wollten, nämlich die Delegation von Aufgaben, die aus Sicht der NPO zur ureigensten Verantwortung des Staates gehört, an NPOs oder die Zivilgesellschaft. Damit stellt sich die Frage, wie viel Energie der politischen Arbeit mit dem Ziel der Änderung von Strukturen und Verursachungs-Zusammenhängen gewidmet werden soll und wie viel dem Angebot von konkreten Hilfeleistungen.

Ein deutliches Beispiel dafür war die Caritas, die vor einigen Jahren in Österreich nach der Kürzung von Geldern für die Unterbringung von Flüchtlingen diesen kurzfristig Unterkunft in Kirchen gewährte. Eine Führungskraft der Organisation kommentierte dies so: „Aus politischen Gründen müssten wir eigentlich Nein sagen, nicht Löcher, die durch die Sparmaßnahmen entstanden sind, mit suboptimalen Lösungen stopfen. Aber die Politik weiß natürlich ganz genau, dass wir unsere Aufgabe, wenn es nur irgendwie geht, trotzdem machen. Und je besser wir diese Fehler und Missstände kaschieren, umso weniger wird sich daran ändern und je schlechter wir dies tun, umso mehr leiden die Betroffenen“.

Grundsätzlich könnte dieser Widerspruch innerhalb des Sektors **arbeitsteilig** aufgelöst werden, die meisten sozialen NPOs sind strategisch aber an mehreren Einflussstrategien orientiert, d.h. sie verfolgen gleichzeitig humanitäre Leistungs- wie auch politische Interventionsziele. Die **Parallelität mehrerer Einflussformen** kann zu spezifischen strategischen Herausforderungen führen.

Besonders anspruchsvoll gestaltet sich die Situation, wenn eine NPO gegenüber einer spezifischen Organisation gleichzeitig in **Kooperations**- wie auch in **Konfrontationsbeziehungen** steht. So kann z.B. mit Sicherheit davon ausgegangen werden, dass jede Organisation, die sich mit Bewährungshilfe im Auftrag des Staates beschäftigt, zum einen sich klar an den Zielen und Vorgaben des Geldgebers Ministerium wird orientieren müssen (Stichwort Fallzahl). Zum anderen wird diese aus engagierten Sozialarbeiterinnen und Juristinnen bestehende Organisation, die tagtäglich die Schattenseiten des Justiz- und Gefängnissystems miterlebt, auch an einer Veränderung der Gesetze und Verordnungen zum Strafvollzug interessiert sein.

Angesichts knapper Ressourcen kann nicht alles gleichzeitig getan werden, die Entscheidung zwischen der **politischen Ursachenbekämpfung** und der konkreten **Schadensbegrenzung** ist nicht leicht und führt immer wieder zu Diskussionen.

Formuliert klare, dabei aber möglichst uneindeutige Ziele!

NPOs haben häufig Schwierigkeiten, klare, eindeutige operationale Ziele zu formulieren. Vielfalt und **Ambiguität von Zielen** sind hier typisch und erschweren die Implementierung strategischen Managements. Die Multifunktionalität vieler NPOs führt zu Schwierigkeiten, die Mission einzugrenzen. Neben inhaltlichen Zielen werden oft auch allgemeine gesellschaftliche Ziele angestrebt, die oftmals nicht nur unerreichbar, sondern letztlich auch schwer operationalisierbar sind.

Neben diesen Aspekten stehen insbesondere aber widersprüchliche **Anforderungen von Stakeholdern** der – organisationsintern meist klar als notwendig erkannten – Formulierung und Operationalisierung von Zielen entgegen. Solange Ziele latent gehalten oder vage formuliert werden, können sich unterschiedliche Gruppen mit der Organisation identifizieren, die Formulierung klarer Ziele und Erfolgskriterien dagegen könnte maßgebliche Spenderinnen, Förderinnen oder auch Mitglieder vor den Kopf stoßen.

Dies war in einem Beratungsprojekt besonders deutlich: Das Management einer arbeitsmarktpolitischen Organisation wollte einen Prozess der Leitbildentwicklung durchführen. Als aber klar wurde, dass ein solches Leitbild ja nur dann wirksam ist, wenn es veröffentlicht und gelebt wird, begannen erste Zweifel der Geschäftsführerin: „Wenn wir wirklich deutlich schreiben, was wir tun, dann bekommen wir Schwierigkeiten mit den politischen Geldgebern. Wenn wir das schreiben, was die Geldgeber von uns erwarten, dann machen unsere Mitarbeiterinnen nicht mehr motiviert mit." Im Endeffekt wurde der Prozess abgeblasen und die Ziele der Organisation wurden bewusst latent gehalten.

Die Vieldeutigkeit und Heterogenität von Zielen macht das Management gleichzeitig angreifbarer und unangreifbarer: So werden viele seiner Aktivitäten zu einem der Ziele passen, gleichzeitig aber auch einigen Zielen widersprechen, bzw. den von einer bestimmten Bezugsgruppe favorisierten Zielen entgegenstehen. Die Ambiguität von Zielen bietet Managerinnen gleichzeitig Flexibilitäten und Möglichkeiten, andererseits bietet sie die Gefahr, dass auch deren Erfolge ambivalent bleiben.

Erfolgsmessung: Messt und dokumentiert eure Erfolge, aber orientiert euch nicht an messbaren Größen!

Da viele NPOs hohe Budgets verwalten und daher mit einer großen Zahl ihrer Aktivitäten dem Wirtschaftssystem angehören, unterliegen diese Organisationen zunehmendem **ökonomischen Legitimationsdruck**. Fragen der Effizienz und der Effektivität werden wichtiger, wie der wachsende Ruf nach „accountability“ und Legitimierung, sowie auch die aktuelle Diskussion um Spendengütesiegel in vielen Ländern zeigen. In NPOs ist es allerdings typischerweise nur sehr begrenzt möglich, operationalisierbare und konsensuelle Kriterien für Erfolg zu definieren. Mit dem Fehlen von einheitlichen, dem Gewinnziel in Profitorganisationen entsprechenden Kriterien für Erfolgsmessungen gewinnen politische Dimensionen der Erfolgsmessung, welche grundsätzlich in allen Organisationen relevant sind, hier besonders hohe Bedeutung.[3]

Als Folge unklarer Effizienzkriterien oder von Situationen, in denen Evaluationsergebnisse wenig Auswirkungen auf Spenden und Förderungen haben, ist einerseits eine Tendenz zu stark **symbolisch-ritueller** Abwicklung von **Evaluation** zu beobachten, andererseits eine **Überbewertung** ökonomisch-quantitativ darstellbarer Aktivitäten.

Für strategisches NPO-Management geht es hier somit um die Balance zwischen einer **Illusion von Eindeutigkeit** der Erfolgsmessung versus einer ebenso dysfunktionalen **Akzeptanz des „Durchwurstelns“**. Die Herausforderung liegt somit darin, weder der Versuchung zu erliegen, sich undifferenziert an messbaren Größen zu orientieren, noch jeglichen Anspruch an Leistungsmessung abzulehnen. Damit wird es notwendig, differenzierte, der Mission der Organisation entsprechende Kriterien der Erfolgsmessung pro-aktiv in der Organisation selbst zu entwickeln. In der Praxis ist das oft ungenügend gelöst, der Mangel an Qualitätskriterien wird oft durch **Formalismen oder Scheinevaluationen** zu kompensieren versucht.

Betriebswirtschaftliche Professionalisierung: Werdet wie Wirtschaftsunternehmen, aber bewahrt Eure Besonderheit!

Ein Blick in die Literatur wie auch Erfahrungen von NPO-Managerinnen zeigen, dass gleichzeitig eine Übernahme von Konzepten aus der Profitwelt wie auch ein Anders-Sein gefordert werden. NPOs werden sowohl kritisiert, wenn sie zu professionell werden – gemeint ist damit in diesem Zusammenhang meist eine Angleichung an die Logik von Wirtschaftsunternehmen –, als auch wenn sie dies nicht tun. Selten wird gefragt, was denn NPO-spezifische Professionalisierung sein könnte.

Ideologische Orientierungen können in diesem Zusammenhang sowohl ein wichtiger Konkurrenzvorteil von NPOs sein als auch zu Unrecht Rationalitätsanforderungen entgegenstehen.[4]

Mit der zunehmenden Integration von NPOs in Märkte ist zu vermuten, dass diese in Zukunft einem wachsenden **Angleichungsdruck durch gewinnorientierte Unternehmen** ausgesetzt sein werden. Dies ist in jenen Aspekten vorteilhaft, in denen Effizienzsteigerungen erzielt werden können, wird aber problematisch, wenn keine Balance von ökonomischer Orientierung und Wertorientierung erzielt wird und damit grundlegende Momente der **Identität** der Organisation, der **Anschlussfähigkeit** an relevante Umwelten wie auch der **Motivation** von Mitarbeiterinnen und Spenderinnen verloren gehen. *Horch* spricht in Zusammenhang mit der Anpassung von Freiwilligenorganisationen an ge-

---

3 *Von Eckardstein/Simsa*, 2003.
4 *Seibel*, 1992.

winnorientierte Unternehmen von Selbstzerstörungstendenzen.[5] Auch hier wieder gilt es, sich gleichzeitig an ökonomischer Effizienz wie an organisationsspezifischen Ideologien zu orientieren.

Werdet endlich richtige formale Organisationen, aber bewahrt die Vorteile der Gruppe!

Gruppen und Organisationen folgen jeweils völlig verschiedenen Strukturmustern. Während erstere von direkter Kommunikation, der Bedeutung von Personen und von Bindung und Vertrauen geprägt sind, ist das strukturelle Ordnungsprinzip der **Organisation** die Hierarchie mit unpersönlich-abstrakter, indirekter und ungleicher Kommunikation, Funktionsspezialisierung und Arbeitsteilung. Zwischen diesen Systemformen besteht somit eine „wesenhafte Unverträglichkeit"[6] bei gleichzeitiger Angewiesenheit aufeinander.

NPOs sind nun oft eher den Charakteristika großer Gruppen als jenen von Organisationen entsprechend organisiert. Sie neigen damit in hohem Ausmaß zu **Organisationsabwehr**, d.h. sie orientieren sich nur begrenzt an der dominierenden Rationalität formaler Organisationen. Interne Widersprüche zwischen formaler und informeller Organisation nehmen damit bisweilen drastische Formen an und es herrscht ein ständiger Kleinkrieg der Organisation gegen sich selbst.[7]

Überdeutlich wird diese Tendenz einer Organisationsabwehr in Vereinen, die sich gerade das Bekämpfen oder Attackieren etablierter Firmen zum Ziel gesetzt haben. Denn wer sich den Tag über mit den Auswüchsen und auch Schwachstellen und Ungerechtigkeiten von Chemiekonzernen auseinandersetzt, wird jeder noch so geringen Tendenz von Bürokratisierung, Machtkonzentration etc. in der eigenen Organisation sofort vehement entgegentreten.

Im Zuge von organisationalem Wachstum und derzeit auch besonders als Folge der Verrechtlichung der Beziehung zu Geldgebern werden oftmals stärkere **Formalisierungen** notwendig. Diese sind in der Praxis allerdings mit den Ideologien vieler Mitarbeiterinnen schwer zu vereinbaren. Darüber hinaus gewinnen viele NPOs Identität aus der Abgrenzung gegenüber gewinnorientierten Organisationen, welche als formal und bürokratisch strukturiert charakterisiert werden. NPOs brauchen die Form der formalen Organisation, können sich aber, wie es scheint, oft nicht mit ihr anfreunden. Selbst wenn aus Gründen wirkungsvollerer Aktivität oder zunehmender Größe Organisationsbildung notwendig ist, trauern Mitglieder oft dem „alten Geist", dem Gefühl von Zusammengehörigkeit und dem Vorherrschen persönlicher Beziehungen nach.

Trefft klare Entscheidungen, aber bleibt dabei immer harmonisch!

Dieser wie auch der folgende Widerspruch stehen in engem Zusammenhang mit der Unentschiedenheit zwischen der Logik der Gruppe und jener der Organisation. Eine schlag-

---

5 *Horch*, 1995.

6 *Heintel/Krainz*, 1988.

7 *Luhmann*, 2000.

kräftige Organisation braucht **Entscheidungsfähigkeit**, nicht endlos langes Hin-und-her-Abwägen. Entscheiden bedeutet aber, dass nicht immer alle Bedürfnisse gleich stark berücksichtigt werden können. Und bei den meisten Entscheidungen gibt es unterschiedliche Interessengruppen, häufig müssen Beteiligte enttäuscht werden, in aller Regel jedenfalls brauchen gute Entscheidungen auch die vorangegangene Austragung von **Konflikten**. Viele NPOs neigen in hohem Ausmaß allerdings zu Konfliktvermeidung – man sucht Harmonie und sei es um den Preis von Unklarheit, nicht ausgetragenen Widersprüchen und Weiterentwicklung.

Tatsächlich ist das gute Arbeitsklima in vielen NPOs eine entscheidende Ressource wie auch Motivation für Mitarbeiterinnen, es lohnt also über weite Strecken, Entscheidungen eher diffus zu treffen, um den Konsens nicht in Frage zu stellen. Gleichzeitig führen Unklarheiten allerdings oft zu erhöhtem Arbeitsaufwand und manchmal erst recht zu Konflikten.

Etabliert klare Verantwortungs- und Entscheidungsbereiche, aber lasst alle überall mitreden!

Zur Organisation gehören eine klare Arbeits- und Rollenverteilung, Abgrenzungen und gegebenenfalls auch Zurückweisungen von Ansprüchen. Organisation bedeutet genau nicht, dass alle alles machen. In der politischen Willensbildung einer NPO jedoch soll alles möglichst demokratisch zugehen und damit sollen möglichst viele Personen in Entscheidungen einbezogen werden.

Wir beobachten in unserer Praxis häufig, dass für viele engagierte Mitarbeiterinnen in NPOs die **Chance des Mitgestaltens** entscheidend für ihre Motivation zur Arbeit in gerade dieser Organisation ist. Eine befragte Führungskraft meinte dazu: „Ich spüre inneres Feuer für unsere Sache, ich habe Vorstellungen, was wie zu verändern wäre oder weiß jedenfalls, was ich nicht möchte. Und ich schließe mich dieser Bewegung an, die hier was ändern will. Dann möchte ich aber auch mitreden und mitgestalten, wie wir das tun – und nicht nur in einem Teilbereich tätig sein – ich möchte an intensiven und breiten Diskussionen teilnehmen – und letztlich möchte ich auch dabei sein, wenn wir eine Organisation bauen, die ein bisschen menschlicher funktioniert als diese kalten Geldmaschinen da draußen…"

Habt genug Geld, um professionell zu agieren, aber es darf nichts kosten!

NPOs brauchen Geld, dürfen es aber nicht haben. Sobald eine solche Organisation in Verdacht gerät, zu wohlhabend zu sein, verliert sie schnell die Glaubwürdigkeit bei Spendern, Ehrenamtlichen und der Öffentlichkeit. Professionelle Arbeit erfordert finanzielle Mittel für Weiterbildung, technologische Ausstattung, Beratung, Public Relations etc. Dies widerspricht allerdings Erwartungen an die Organisation, denen dann bisweilen mit einem **demonstrativen Habitus der Sparsamkeit** bis Armut begegnet wird. Die Buffets bei Veranstaltungen sind bewusst einfach gehalten, Unterlagen offensiv billig gestaltet und Mitarbeiter technologisch nur sehr einfach ausgestattet. Dies allein wäre an sich noch kein Problem. Dysfunktional wird es allerdings, wenn an Weiterbildung gespart wird, wenn notwendige, zeitsparende Technologien nicht angeschafft werden, wenn wenig in gute

Veränderungskonzepte oder Beratung investiert wird etc. Dies ist die eine Seite des Widerspruchs, sie ist teilweise hausgemacht.

Eine weitere Seite dieses Widerspruchs betrifft Entwicklungen der letzten Jahre, im Zuge derer öffentliche Gelder etwa für Sozialarbeit oder Arbeit im Altenpflegebereich eingefroren und zusätzlich kurzfristiger vergeben wurden, gleichzeitig aber die Anforderungen gestiegen sind. Hier werden von ein und demselben Stakeholder – der öffentlichen Hand – widersprüchliche und letztlich kaum erfüllbare Anforderungen an die Organisation gestellt.

3.3.3. Die Kunst des Spagats, oder: Führung als Balanceakt. Mögliche Umgangsformen der Führung mit Widersprüchen

Viele der genannten Dilemmata sind fundamentale Widersprüche, die nicht einseitig aufgelöst werden können. Während beispielsweise die Problematik der – notwendigen, aber gleichzeitig auch problemgenerierenden – Formulierung klarer Ziele durch die Differenzierung von Kommunikationsstrukturen nach unterschiedlichen Ansprechpartnern und durch strategische Organisationsentwicklung gelöst werden kann, ist der Widerspruch von ökonomischer Logik und Wertorientierung nicht gänzlich zu beheben. Sollen sowohl die Identität als auch die Effektivität der Organisation gewahrt bleiben, dann muss dieses **Spannungsfeld aufrechterhalten** bleiben und im Gegensatz zum vorherrschenden Konfliktverständnis sind Widersprüche und Konflikte in diesem Fall nicht Zeichen für Dilettantismus, sondern Zeichen einer funktionierenden, lebendigen Organisation.

Widersprüche können nicht dadurch gelöst werden, dass man sich mit nur einer Seite des Widerspruchs identifiziert. Man hat vielmehr immer mit beiden (oder mehreren) Strömungen zu tun, die als gegeneinander gerichtete, aber voneinander abhängige Kräfte auszubalancieren sind. In diesem Sinn bedeutet Widerspruch, dass man vor nichtauflösbare Konflikte gestellt ist.

Damit unterschieden sich diese von Missgeschicken, notwendigen, oft auch unangenehmen Entscheidungen oder zu lösenden Problemen.

Zunächst ist es in diesem Zusammenhang hilfreich – und in der Praxis oft enorm entlastend – den Widerspruch als **strukturelles Phänomen**, als **ganz normale Arbeitsschwierigkeit** zu verstehen. Wer in Widerspruchslagen involviert ist, bekommt oft schnell das Gefühl, selbst etwas falsch zu machen, den richtigen Zugang zu dem Problem eben einfach noch nicht gefunden zu haben.

Selbstvorwürfe sind in diesem Zusammenhang allerdings nicht nur anstrengend, sondern auch **dysfunktional**. Sie ziehen Aufmerksamkeit vom Eigentlichen ab, statt persönlichem Versagen geht es hier um die strukturelle Ausprägung der Situation. Was unserer Beobachtung in der Praxis nach hier wirklich hilfreich ist, ist das Zusammentreffen und der Austausch mit Gleichgesinnten, wo die Erkenntnis darüber, welche strukturellen Widersprüche die anderen auch erleben und was eben nicht eigenes Versagen ist, deutlich sichtbar bzw. auch spürbar werden kann.

Im Weiteren ist es sinnvoll, herauszuarbeiten, welche Widersprüche man durch **eigene Strategien** entschärfen kann und welche hingegen gar nicht gelöst werden dürfen. Die beschriebene Problematik der Formulierung klarer Ziele kann z.B. durch die Differenzierung von Kommunikationsstrukturen nach unterschiedlichen Ansprechpartnern entschärft werden, manchmal kann auch ein intensiver Diskussionsprozess mit den relevantesten Anspruchsgruppen hier klärend sein.

Dem Widerspruch von ökonomischer Logik und Orientierung an Werten wird in vielen NPOs dagegen nicht beizukommen sein. Sollen sowohl die Identität als auch die Effektivität der Organisation gewahrt bleiben, dann muss dieses **Spannungsfeld** aufrechterhalten bleiben. In diesem Fall gilt es, regelmäßig Zeit und Raum für die Austragung widersprüchlicher strategischer Orientierungen und alltäglicher operativer Entscheidungen zu schaffen und hier stets aufs neue ein **momentanes Gleichgewicht** zu finden.

Konflikte sind in diesem Fall nicht Zeichen für Dilettantismus, sondern **Zeichen einer funktionierenden, lebendigen Organisation**. Das bedeutet in der Praxis beispielsweise, dass eine NPO, die ein Projekt aufsetzt, das sich mit Kostenreduktion oder Einsparungen beschäftigt – gleichzeitig und mit dem gleichen Engagement und Energieaufwand ein weiteres Projekt initiiert, das die Stärkung der zentralen Werte, die weitere Definition der Vision oder auch nur eine gute inhaltliche Auseinandersetzung über Ziele und Erfolge zum Inhalt hat.

Man muss in gewissem Grad also mit den Widersprüchen leben, kann sie nicht endgültig lösen, sondern nur fortlaufend einbalancieren. Damit geht es um die fortlaufende Sicherung von Orten und Zeiten der Austragung von Widersprüchen, um die Entwicklung einer Konfliktkultur, welche Konflikte nicht nur als Zeichen von Störungen interpretiert, sondern deren Funktionalität anerkennt, sowie um die bewusste und sorgfältige Gestaltung von Prozessen der Konfliktbearbeitung. Eine zentrale Aufgabe für die Führung wird damit weniger die Lösung von Problemen als vielmehr die Gestaltung von Aushandlungs- und Entscheidungsprozessen.

4. Die sieben Aufgabenfelder der Führung – das Führungs-Puzzle

Führen ist mit Sicherheit eine komplexe und vielschichtige Aufgabe, und in der Regel denkt man dabei zuerst einmal an die **direkte Mitarbeiterführung**. Da tauchen Fragen auf wie:

- „Was soll ich tun, wenn ein Mitarbeiter nicht motiviert ist?"
- „Wie kann ich einzelne Mitarbeiter richtig fördern?"
- „Wie weit soll ich direktiv vorgehen, wo muss ich Freiräume lassen?"

Die Vielfalt der Herausforderungen, sowie auch die Abhängigkeit des richtigen Umgangs damit vom jeweiligen Kontext werden oft nicht sofort gesehen.

Wir stellen im Folgenden ein Modell vor, das die wesentlichen Felder der Führung beschreibt und damit einen Raster für die Reflexion der Führungstätigkeit bietet. Dieser soll die Aufmerksamkeit auf die vielfältigen Aspekte der Tätigkeit sowie auf die Einbettung in die jeweilige Situation lenken. Damit geraten vernachlässigte Aufgaben bzw. auch Einflussfaktoren aus der Tätigkeit und dem Umfeld des Führens stärker in den Blick.

Unser Modell definiert sieben wesentliche Felder der Führung. Natürlich überlappen diese Felder und es wird oft nur analytisch möglich sein, die eine oder andere Führungshandlung genau einem Feld zuzuordnen. Wir meinen, und dies hat sich in unserer Praxis und in unseren Trainings immer wieder bestätigt, dass dieser Zugang – sich immer wieder die gesamte **„Landkarte" der Führung** in Erinnerung zu rufen, ein hilfreicher ist.

4.1. Aufgabenbereiche und Einflussfaktoren der Führung – die Felder des Führungskaleidoskops

In Abb. 1 wird zunächst ein Rahmen gespannt.

- Im Zentrum finden wir das, was wir als Kern und wesentliches Thema allen Führens sehen, nämlich die Persönlichkeit desjenigen, der führt.
- Rund um diesen Kern gruppieren wir die vier Aufgabenfelder der operativen Führung, die den Alltag jeder Führungskraft ausmachen.
- Das Ganze findet im Rahmen eines sechsten Feldes statt, dem strategischen Führungshandeln.
- Das siebente Feld schließlich verweist auf das jeweils relevante Umfeld, auf den Kontext, in dem Führung stattfindet.

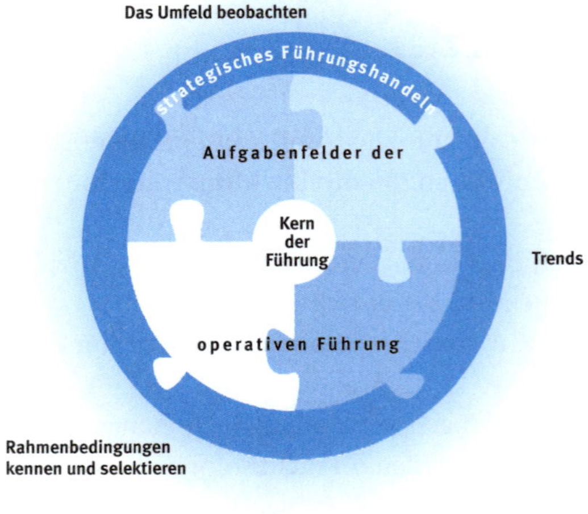

Abb. 1: 7 Felder der Führung

Dieses Modell ist eine Weiterentwicklung eines Modells aus dem Führungsfolder des Daimler-Benz-Konzerns aus den 1990er Jahren.

4.2. Notwendige Felder der Aufmerksamkeit – hilfreiche Fokussierungen

Um die eigene Führungsaufgabe adäquat zu gestalten, sollte jede Führungskraft ihre Aufmerksamkeit auf die im Folgenden genannten Aspekte fokussieren, d.h. sich regelmäßig fragen: Welche Aktivitäten, welche Maßnahmen setze ich, wenn ich den jeweiligen Fokus in den Mittelpunkt rücke?

Folgende sieben Fokussierungen ergeben sich (siehe Abb. 2):

1. Ich selbst – jede Führung beginnt mit mir selbst.
2. Meine Mitarbeiterinnen – daran denken wir in der Regel zuallererst, wenn wir von Führung sprechen, hier geht es um den Umgang mit einzelnen Menschen.
3. Meine Teams – das Führen und Anleiten von Teams, das Gestalten von Gruppen, stellt völlig andere Anforderungen und bietet völlig andere Möglichkeiten als der Fokus auf das Individuum.
4. Die Organisation – der Fokus liegt hier nicht auf den Menschen, nicht auf den Teams, sondern auf der gesamten Organisation, ihren Regeln, Prozessen und Strukturen, der Organisation als soziales Gebilde.
5. Die Aufgabe – hier rücke ich das Ziel, die Aufgabe, die Inhalte meines Verantwortungsbereiches in den Mittelpunkt meiner Aufmerksamkeit.
6. Die Strategie – ich trete als Führungskraft „einen Schritt zurück“ aus dem Operativen, ich beachte weniger den Lauf des täglichen Geschehens, sondern mein Fokus wird die

Strategie, die Vision, die grundsätzliche Ausrichtung der Organisation oder jedenfalls meines Verantwortungsbereiches.

7. Der relevante Kontext – ich trete noch einen Schritt zurück, mein Fokus wird all das, was sich im Umfeld meines Verantwortungsbereiches tut und was für mich, meine Mitarbeiterinnen, meine Teams, meine Aufgabe und meine Vision von Bedeutung ist oder werden kann.

Abb. 2: 7 Felder – 7 Foki

4.3. Die sieben Führungsaufgaben

Diese Aufmerksamkeitsfelder definieren nun die sieben zentralen Führungsaufgaben, auf die wir im Folgenden eingehen wollen:

1. Mich selbst führen;
2. meine Mitarbeiter führen;
3. die Zusammenarbeit gestalten;
4. die Organisation entwickeln;
5. die Aufgaben und Ziele erfüllen;
6. den strategischen Rahmen für meine Führungsaktivitäten setzen;
7. das Umfeld beobachten, relevante Trends erkennen und Rahmenbedingungen wahrnehmen und deren Bedeutung für meinen Verantwortungsbereich einschätzen.

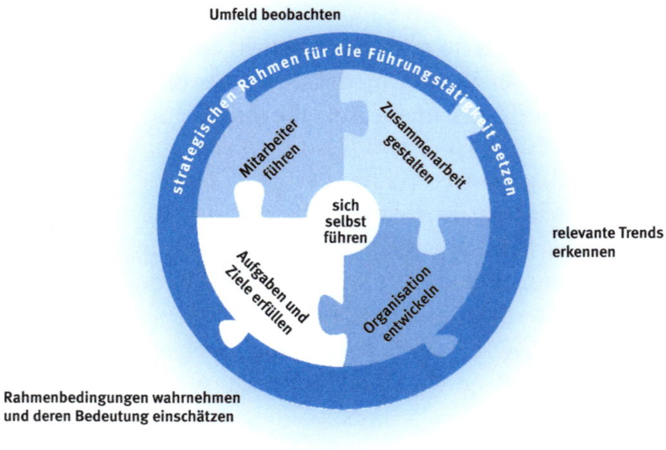

Abb. 3: 7 Felder – 7 Führungsaufgaben

1. Mich selbst führen

Wer andere führt, muss zuerst bei sich selbst beginnen. Nur wer bewusst reflektiert, wie er sich selbst führt, und sich kontinuierlich weiterentwickelt, kann anderen zum Vorbild werden, kann fair und angemessen mit anderen Personen umgehen und die Führungsaufgabe als Dienstleistung an den Menschen und der Organisation sinnvoll gestalten. Ein Teil des Erfolgs vieler Führungskräfte resultiert sicher aus der persönlichen Ausstrahlung, der persönlichen Note und Vertrauenswürdigkeit. Führung von Menschen ist verantwortungsvoll, nimmt sie doch Einfluss auf deren Lebensgestaltung, Arbeitszufriedenheit und letztlich sogar Gesundheit. Nur persönliche Reife kann verhindern, dass eigene Themen und Problematiken unreflektiert auf Mitarbeiter übertragen werden bzw. den Umgang mit ihnen störend beeinflussen.

Die jüngsten Entwicklungen rund um die Thematik **„Leadership"** rücken die Bedeutung der Person wieder stärker in den Mittelpunkt. Da werden Themen wie persönlicher Mut, Entscheidungsfreude, klare, spürbare eigene Werte und Ziele, eine persönliche Vision wieder wichtiger eingeschätzt als in den Zeiten der management by … Theorien.

Diese Thematik spielt im Non-Profit-Bereich eine noch ausgeprägtere Rolle als in der Wirtschaft. Ich muss als Führungskraft in einer NPO persönlich glaubwürdig sein, es wird noch stärker als in der Wirtschaft von mir erwartet, dass ich das, was ich fordere, auch selbst lebe.

Selbstführung bedeutet auch, den Umgang mit sich selbst auf **der körperlichen, der psychischen und der geistigen Ebene** zu reflektieren und gesund zu gestalten. Wer nicht auf seine eigene Gesundheit achtet, wird dies auch kaum für seine Mitarbeiter tun. Und die Bedrohung der eigenen psychischen und physischen Gesundheit durch Überforderung und Überbeanspruchung ist aufgrund der Tendenzen zur Selbstausbeutung in sozialen oder hoch ideologischen Organisationen sicher größer als in der Wirtschaft.

Sich selbst führen bedeutet auf einer „banalen" Ebene, die **eigene Arbeitsorganisation** im Griff zu haben, professionell und mit der nötigen Selbst-Disziplin verlässlich und berechenbar zu agieren. Dies gibt Mitarbeitern Sicherheit. Eine Sicherheit, die sie besonders in Zeiten häufiger Veränderungen oder im Rahmen von seelisch belastender Arbeit besonders benötigen.

Weiters wird gerade in NPOs von Führungskräften die Fähigkeit, mit Konflikten konstruktiv umzugehen, stark gefordert. Und das bedeutet zuallererst, mit meinen eigenen inneren Konflikten und Widersprüchen, mit Nähe und Distanz, mit Veränderungen produktiv und reflektiert umgehen zu können. NPOs konfrontieren Menschen häufig mit Situationen, die sich durch einen besonders hohen Grad an Widersprüchlichkeit auszeichnen (siehe dazu auch Kapitel 3.3.), innere Stabilität wird hier besonders wichtig.

Letztlich gipfelt diese Fähigkeit der Selbstführung in einer **Haltung**, d.h. der grundsätzlichen Einstellung, die ich Menschen und Organisationen gegenüber an den Tag lege. Diese macht es dann etwa aus, dass ein und dasselbe Führungsinstrument wie beispielsweise ein Mitarbeitergespräch so unterschiedlich interpretiert und wahrgenommen werden kann. Viele erfolgreiche Führungskräfte können eben diese Haltung in einem Motto oder einer Devise (z.B.: „Freundlich zum Menschen, aber hart in der Sache.") zusammenfassen und diese dann auch glaubhaft leben.

Wichtige Führungsinstrumente in diesem Feld sind persönliche Reflexion, sich Feed-Back organisieren und es annehmen können, Selbsterfahrung, die Entwicklung persönlicher Disziplin, Coaching aber auch die persönliche Arbeitsorganisation.

2. Die Mitarbeiter führen

Hier geht es um die Fähigkeit, Menschen einschätzen zu können, mit Menschen umgehen zu können, deren Fähigkeiten und Potenziale, aber auch deren Grenzen zu erkennen, um sie letztlich optimal fördern und auch fordern zu können.

Die Führung meiner Mitarbeiter beginnt zuallererst bei der Auswahl und beim richtigen Einsatz derselben. Mitarbeiter zu führen, bedeutet die Entwicklung jedes einzelnen aufmerksam zu beobachten, zu thematisieren und mitzusteuern. Hier sind Führungskräfte in NPOs aus unserer Erfahrung oft besonders gefordert, denn Karriere- und Entwicklungsmöglichkeiten in vielen NPOs sind doch häufig eingeschränkt.

Oft gilt es hier auch Mitarbeiter nach langen Jahren des Engagements aus der NPO „hinauszubewegen", denn anders als in der Wirtschaft sind vor allem kleine NPOs viel weniger auf Dauer und Sicherheit gestellt als profitorientierte Firmen.

Der Kern dieses Aufgabenfeldes liegt also im **Fördern und Fordern**. Und wenn wir es pointiert formulieren, dann finden wir hier wohl eine der größten Differenzen zwischen NPOs und POs: Führungskräfte in NPOs tun sich in der Regel schwerer mit dem Fordern als jene in Unternehmen. Und so stellt sich rasch die Frage: Welche Sanktionen ergreife ich, wenn Vereinbarungen nicht eingehalten werden?

Ein Spannungsfeld in NPOs in diesem Feld der unmittelbaren Mitarbeiterführung lässt sich am treffendsten mit einem Zitat einer geplagten Führungskraft illustrieren, die sagte:

„Natürlich stehen bei uns die Menschen und damit auch die Mitarbeiter im Mittelpunkt, doch ebenso müssen sie begreifen und akzeptieren, was sie aus der Perspektive der

Organisation sind: Nämlich Mittel. (Punkt!)“ Und hier liegt eine wesentliche Herausforderung: Einerseits Menschen in ihrer Einzigartigkeit zu würdigen, zu unterstützen und auf ihre spezifischen Bedürfnisse einzugehen. Andererseits aber auch sehr klar und unmissverständlich deutlich zu machen, dass eben diese Menschen für die Organisation zuerst einmal Mittel sind und nicht mehr, dass diese Instrumentalisierung der Kern des **„Arbeitsvertrages“** zwischen der Organisation und dem Mitarbeiter ist (und das gilt auch für ehrenamtliche oder freiwillige Mitarbeiter), und es Aufgabe der Führungskraft ist die Einhaltung dieses Vertrages zu thematisieren und zu überprüfen.

Das wichtigste Führungsinstrument ist in diesem Feld das Mitarbeitergespräch. Darauf aufbauend geht es um Entwicklungs- und Bildungsmaßnahmen, Zielvereinbarungen, Karrierepläne, wie auch die Gestaltung von Sanktionen.

3. Die Zusammenarbeit gestalten

Viele exzellente Solisten geben noch lange kein gutes Orchester und auch in der Führung einer NPO hat man es in der Regel mit mehr als einem Mitarbeiter zu tun. Und so stellt sich auch die Frage, wie die Zusammenarbeit am besten zu organisieren ist. Wie gestalte und organisiere ich Meetings und Kooperation? Wie stelle ich Teams zusammen? Auch der Sport zeigt uns in vielen Fällen, dass die zentrale Fähigkeit herausragender Trainer nicht in der Betreuung einzelner Sportler, sondern eben im Aufbau von Spitzenteams liegt.

Im Führungsalltag beginnt dies mit der Frage, wie ich die **räumliche Gestaltung** der Büros organisiere. Wer wo mit wem in einem Zimmer sitzt, ist in vielen Fällen schon eine entscheidende Frage gewesen. Dann geht es hier darum, **Regeln der Zusammenarbeit** zu definieren und gemeinsam deren Einhaltung zu thematisieren. Es geht weiters um die **Gestaltung der Kultur**: Was gilt als pünktlich, wie geht man mit Fehlern um, wie persönlich können sich einzelne einbringen, was gilt als unfreundlich, was als angemessen, etc.? Womit wir gleich bei einer unserer Erfahrung nach zentralen Führungsaufgabe in diesem Feld wären: Der **Organisation von Feedback** und Reflexion im Team. Also der Rückmeldung der Mitarbeiter an die Führungskraft und umgekehrt und auch der Mitarbeiter untereinander.

Wenn sich der Fokus meiner Aufmerksamkeit von der Betrachtung der Individuen auf die Betrachtung ihrer Relationen verschiebt, dann komme ich als Führungskraft sehr rasch auf völlig neue Ideen. Wir können in unserer Beratungspraxis immer wieder beobachten, wie rasch sich neue Handlungsoptionen ergeben, wenn der Chef nicht darüber nachdenkt, wie er einzelne Mitarbeiter fördern und fordern kann, sondern wie er wesentliche Beziehungen zwischen Mitarbeitern im Sinne des Gesamterfolges optimieren kann.

Aufgrund ihrer Tradition der Teamorientierung und der demokratischen Strukturen haben viele NPOs hier wohl einen „Wettbewerbsvorteil“ gegenüber Unternehmen. Sie sind es eher gewohnt, auch an Gruppen und deren Bedingungen und Strukturen zu denken. Die in Teams mögliche hohe emotionale Nähe ist ihnen weniger fremd als anderen Organisationen. Und gerade Sozialorganisationen haben oft viel Bereitschaft zur Diskussion und Reflexion der eigenen Kultur und Zusammenarbeit, und auch Teamsupervision gehört oft zum Alltag.

Wer gut führt, dem gelingt es dann auch Abteilungs- und Bereichsegoismen zu überbrücken, Teamgeist zu fördern und Zusammenarbeit zu unterstützen.

Führungsinstrumente in diesem Bereich sind die Moderation und Gestaltung von Teamsitzungen, von Reflexion und Feedback im Team, die bewusste Zusammensetzung von Teams nach inhaltlichen und sozialen Kriterien, die Gestaltung der Büroräume, das Design von Telekonferenzen.

4. Die Organisation entwickeln

In diesem Feld steht das Erkennen von und das Denken in Strukturen und Prozessen im Vordergrund. Jede Führungskraft steuert und führt nicht nur über direkte Einflussnahme auf Personen, sondern auch über **Regeln, Strukturen, Prozessbeschreibungen** etc.

Zuvorderst geht es hier darum, eine der Organisation und der Situation angemessene Form zu finden, die Tätigkeitsbereiche jedes einzelnen zu beschreiben, also das zu tun, was oft als **AKV** bezeichnet wird: **Aufgaben, Kompetenzen und Verantwortungen** zu definieren. In allen Organisationen gibt es hier nur einen schmalen Grat zwischen einem Zuviel – alles wird ins Detail geregelt und die ständigen Regelungen hinken der Praxis immer hinten nach – und einem Zuwenig – viele wissen nicht genau, wofür sie zuständig und vor allem nicht, wofür andere zuständig sind.

Wenn es also überall dieses Pendeln zwischen Über- und Untersteuerung gibt, so haben NPOs sicher im Schnitt eher das Problem der zu geringen Klarheit über AKVs. Aus Sorge vor zuviel Bürokratie und auch Einengung wird häufig zuviel Freiraum gelassen, der dann auch zu Überforderung und Unproduktivität führt. Führungskräfte von NPOs sind also tendenziell stärker gefordert klarere Regeln, Strukturen und AKVs aufzustellen und einzufordern als ihnen oft selbst lieb ist.

In diesem Aufgabenfeld sollten sich Führungskräfte auch die Frage stellen, wo hier ihre eigenen Stärken und Schwächen liegen und wo es ihnen gelingen kann, Potenziale ihrer Mitarbeiter gezielt einzusetzen.

Führungsinstrumente sind hier z.B. die Definition und Vermittlung von Aufgaben, Kompetenzen und Verantwortungsbereichen, das Erstellen von Organigrammen, Maßnahmen des Veränderungsmanagements, die Gestaltung von Leistungsmessungen und Sanktionen, das Einrichten von Strukturen und die Gestaltung von Prozessen.

5. Die Aufgaben und Ziele erfüllen

Wenn ich in den Mittelpunkt meiner Aufmerksamkeit die Erfüllung der Aufgabe stelle, taucht zuvorderst die Frage auf, wie ich das Erreichen von Zielen erkenne und messe. Also die goldene Frage: Und woran werden Sie nachher erkennen, dass sie gut gearbeitet haben? Eine wesentliche Führungsaufgabe besteht hier also darin, **Messgrößen, Kennziffern und Indikatoren** zu identifizieren, entsprechende Erfassung zu organisieren und dann regelmäßige Evaluation sicherzustellen. Und hier sind wieder NPOs oft stärker gefordert als POs, denn die unmittelbare Messbarkeit ist in diesen Organisationen oft deutlich schwieriger als in gewinnorientierten Dienstleistungs- oder Produktionsbetrieben.

Darüber hinaus umfasst dieses Aufgabenfeld auch die Frage der technischen Ausrüstung und Ausstattung der Mitarbeiter.

Relevante Fragen in diesem Aufgabefeld sind dann:

- Die Definition **fachlicher Standards** für die Aufgaben meiner Mitarbeiter
- Für wen erbringen wir unsere Leistungen? (In wenigen Fällen ist hier der Kundenbegriff hilfreich, sondern es empfiehlt sich der **Stakeholder-Ansatz**: Welche Anspruchsgruppen stellen welche Erwartungen an die NPO? Was sind aus deren Sicht die wichtigsten Erfolgskriterien?)
  Und auch hier ist Führung einer NPO vermutlich eher komplexer als jene einer PO, da sehr unterschiedliche Anspruchsgruppen oft einander widersprechende Anforderungen an die Organisation stellen, die selten eindeutig priorisiert werden können.
- Mit wem vergleichen wir uns? (Wer sind relevante andere? Wo liegen die **Benchmarks**?)
- Wie ist der **Umgang mit Fehlern**? Wie gehe ich als Chef selbst mit eigenen Fehlern um und wie mit jenen meiner Mitarbeiter? Welche Prozesse initiiere ich, um das Erkennen von und das Lernen aus Fehlern zu ermöglichen?

Führungsinstrumente in diesem Bereich sind die Entwicklung und Definition von Zielen, Kennziffern und Leistungsindikatoren, Evaluation und Fehler-Management und jede Art von Controllingberichten.

6. Den strategischen Rahmen für meine Führungsaktivitäten setzen

In diesem Aufgabenfeld steht die grundlegende Orientierung der Organisation bzw. der eigenen Abteilung im Vordergrund – die Strategie. Es geht darum, welche Wege die Organisation einschlagen soll, welche Produkte oder Leistungen angeboten werden, für welche Zielgruppen gearbeitet werden soll, was die Besonderheiten des jeweiligen Leistungsangebots sein sollen, etc. Genauso wichtig: Ebenso zu definieren, was nicht (mehr) gemacht werden soll, welche Erwartungen an die Organisation nicht berücksichtigt werden sollen, wo Grenzen gesetzt werden.

Diese (gemeinsame) Ausarbeitung und Definition von **Leitbildern, Visionen, Strategien, Werten** oder Ähnlichem in einer Form, die allen Beteiligten im täglichen Handeln klare Orientierung gibt, spricht eine viel indirektere Form der Führung an. Wenn es gelingt, über Leitbilder oder Strategien eine klare Richtung vorzugeben, wird viel operative Führung im Einzelnen obsolet.

Und auch in diesem Zusammenhang sind NPOS häufig besonders anspruchsvolle Systeme. NPOs sind von ihrer Grundkonstruktion her Organisationen, die es oft mit widersprüchlichen Anforderungen einzelner Stakeholder zu tun haben. Es verlangt viel Fingerspitzengefühl, eine Vision und Strategie zu entwickeln, die einerseits ausreichend Orientierung für die Mitarbeiter verschafft, aber andererseits auch keinem wesentlichen Stakeholder widerspricht.

Führungsinstrumente in diesem Bereich sind Strategieworkshops, strategische Pläne, die Gestaltung von Prozessen der Leitbildentwicklung, das Visualisieren von Leitbildern, Mission-Statements oder Visionen.

7. Das Umfeld beobachten, relevante Trends erkennen und Rahmenbedingungen wahrnehmen und deren Bedeutung für meinen Verantwortungsbereich einschätzen

Zu guter Letzt muss jede Führungskraft in der Lage sein, das relevante Umfeld zu beobachten, zu interpretieren, all das herauszufiltern, was für den eigenen Verantwortungsbereich von Bedeutung ist oder sein könnte und es auf passende Weise in die Organisation hineinzutragen. Um die Vielfalt der Themen, der eine Führungskraft Aufmerksamkeit schenken sollte, zu erahnen, erfolgt hier eine erste unvollständige Aufzählung.

Führungsaufgabe ist die Beobachtung und Interpretation:

- des Personalmarktes;
- der Entwicklungen in der eigenen Organisation;
- von relevanten technologischen Entwicklungen;
- von demographischen Trends, von Trends in den Lebensgewohnheiten;
- von gesellschaftlichen Entwicklungen wie z.B. Individualisierung, Flexibilisierung;
- von Rahmenbedingungen ehrenamtlicher Tätigkeit;
- von Entwicklungen im relevanten Umfeld, oder auch Mitbewerb;
- von Entwicklungen auf den Spendenmärkten, oder im Subventionsbereich, etc.

Je mehr es gelingt, sich von operativen Aufgaben freizuspielen und vielleicht auch manch strategische Aufgabe zu delegieren, desto intensiver kann eine Führungskraft sich dieser Beobachtungs- und Auswertungsaufgabe widmen. Jede Führungskraft ist hier also gefordert, sich ihre eigene „Landkarte“ zu erstellen und für sich und ihren Job zu definieren, welche Themen, welche Informationen sie regelmäßig erfassen sollte.

Ein Führungsinstrument könnte somit die Erstellung eines eigenen „Radars“ oder „Cockpits“ mit den relevanten Umweltfaktoren sein, weiters aber auch einfach der regelmäßige Blick über den Tellerrand in Form des Lesens von Literatur, wissenschaftlichen Analysen oder sonstigen Publikationen über relevante gesellschaftliche Entwicklungen.

5. Führung NPO-spezifisch

5.1. Führen der eigenen Person als zentrale Führungsaufgabe

Wer glaubt, etwas zu sein, hat aufgehört, etwas zu werden. (Sokrates)

5.1.1. Die Person als Führungsinstrument

Als der Management-Papst, Peter *Drucker*, als 80-Jähriger, also nach sehr langer Beschäftigung mit dem Thema, gefragt wurde, welchen Tipp er jungen Führungskräften geben würde, lautete dieser: „Erkenne dich selbst". Peter *Senge* wiederum zählt Personal Mastery, also die Disziplin der Selbstführung und **Persönlichkeitsentwicklung** zu den wesentlichen fünf Disziplinen der lernenden Organisation. Auch moderne Konzepte von **Leadership** stellen die Entwicklung der eigenen Person und das persönliche Verhalten der Führungskräfte ins Zentrum: Es geht um die Fragen, wie die Führungskräfte Bedeutungen, Ideen, Emotionen und Werte ihrer Mitarbeiter beeinflussen, es geht um Einflussnahme in Bezug auf Ziele und Strategien, auf Commitment, Identifikation und Kultur.

Die „Führung der eigenen Person ist ein zentraler Bestandteil des Führungswirkens. Man führt viel mehr als man glaubt über Vorbildwirkung, über Vorleben, als über Worte, Anweisungen und Zieldefinitionen. Es gibt Personen, die Mitarbeiter mitreißen können, von denen man sich gerne führen lässt, die das „gewisse Etwas" haben, das die Zusammenarbeit inspirierend, fordernd und auch bereichernd macht. Es gibt immer wieder Menschen, denen es gelingt, frischen Wind in Teams, Abteilungen oder ganze Organisationen zu bringen. Oder Menschen, die es schaffen, Teams auch auf Durststrecken, in schwierigen, unsicheren, nervenaufreibenden Situationen bei der Stange zu halten. Menschen, mit denen man gerne zusammen arbeitet, für die man sich gerne und mit Befriedigung anstrengt, die einer Tätigkeit Sinn verleihen, und die gleichzeitig das Geschick und das Verständnis haben, um die Motivation einzelner geschickt zur Zielerreichung der Organisation oder einer ihrer Einheiten zu bündeln und zu koordinieren. Was zeichnet diese Personen aus, „wie machen die das?"

Es ist nicht leicht, zu fassen und einzugrenzen, wie dies geht, weniger als in anderen Bereichen kann hier auf Techniken oder to-dos verwiesen werden. Es geht jedenfalls um **psychosoziale Kompetenz,**[1] im weitesten Sinn also um Kompetenz in psychologischer und sozialer Hinsicht und dazu gehört eng auch der Umgang mit sich selbst, die bewusste und reflektierte Entwicklung der eigenen Person.

Wer andere führt, muss zuerst bei sich selbst beginnen. Reflexion und Persönlichkeitsentwicklung sind die Voraussetzung für einen verantwortungsvollen und effektiven Um-

---

[1] Vielen Dank an dieser Stelle an Dr. Reinhold *Dietrich* für wertvolle Hinweise zum Thema Psychosoziale Kompetenz.

gang mit der Führungsrolle, für die eigene Wirksamkeit wie auch letztlich für die eigene Gesundheit. Nur persönliche Reife kann verhindern, dass eigene Themen und Problematiken unreflektiert auf Mitarbeiter übertragen werden bzw. den Umgang mit ihnen störend beeinflussen. Führen bedeutet, Verantwortung für Einzelpersonen und die Organisation zu übernehmen, sich um Klima, Kooperation, Umsicht und Verlässlichkeit zu sorgen.

All dies gilt wohl für jede Art von Führungssituation und Organisation. Wie auch bei anderen Führungsthemen gibt es hier keine ganz eigenen NPO-spezifischen Aufgaben, vielmehr kann das ganze Thema quasi NPO-spezifisch „eingefärbt" sein. Solche besonderen Ausprägungen von Themen der Persönlichkeitsentwicklung, die unserer Meinung nach in NPOs häufig auftreten, beschreiben wir in Abschnitt 5.1.3. in Form von einigen Thesen. Davor werden wir einige unserer Meinung nach für die Führung besonders wichtige Aspekte der psychosozialen Kompetenz anführen und auf die besonderen Schwierigkeiten eingehen, die persönlichkeitsorientiertes Lernen gerade für Führungskräfte oft mit sich bringt. Zum Abschluss werden wir Tipps für den persönlichen Umgang mit widersprüchlichen Anforderungen an Führungskräfte und einige Gedanken zum Training dieser Kompetenzen anführen.

5.1.2. Aspekte der psychosozialen Kompetenz

Um gut führen zu können ist es notwendig, Eigenschaften, die scheinbar nicht harmonieren, miteinander zu verbinden, z.B. Durchsetzungsvermögen mit Feingefühl, Wissen mit Verständnis, Strenge mit Großzügigkeit, Geduld und Fordern, Disziplin und Freiraum-Geben. Die Fähigkeit, jeweils beides zur Verfügung zu haben macht starke Führungskompetenz aus. Besonders wichtig sind unseres Erachtens die folgenden Aspekte:

Selbst- und Menschenkenntnis

Es erfordert große Stärke, sich wirklich mit eigenen Grenzen, Schwächen, Bedürfnissen und Wünschen auseinanderzusetzen. Für die Führung ist dies u.a. deswegen wichtig, da eine Kenntnis der wesentlichen **Bestimmungsgründe des eigenen Handelns** die Voraussetzung dafür darstellt, sich davon auch einmal zu distanzieren, sich nicht unreflektiert davon (an)treiben zu lassen. Effektive Führung braucht auch eine gute Kenntnis der eigenen Kernkompetenzen und Schwächen – also **Realitätssinn.** Weiters braucht es ein Verständnis für unterschiedliche Personen und Beziehungskonstellationen. Dies kann eine wichtige Voraussetzung sein für Interventionen, für die angemessene Förderung und Forderung von Mitarbeitern.

Fundierte Kontakt- und Beziehungsfähigkeit

Hier geht es darum, sich wirklich auf Begegnungen einzulassen, in Beziehung zu treten. Man spürt meist sehr rasch, wenn mit einer anderen Person ein **echter Kontakt** zustande kommt, ohne dass man dies analytisch weiter beschreiben oder begründen könnte. Das Wesentliche dafür sind ein wertschätzender Umgang mit anderen Personen, Achtsamkeit für sich selbst und andere sowie hohe Ich-Stärke. Für Führungskräfte ist dies insofern besonders voraussetzungsvoll, als der Umgang mit Mitarbeitern immer aus der Rolle heraus stattfindet, d.h. letztlich nie alle Emotionen angesprochen oder gezeigt werden können, also ein „echter“ Austausch und Kontakt trotz der geforderten selektiven Authentizität gelebt werden muss.

Konfliktfähigkeit

Dazu gehört die Fähigkeit, in Konflikten **handlungsfähig** zu bleiben, eigene Anteile am Konflikt zu erkennen, eine gewisse Empathie für die Situation der anderen Beteiligten aufzubringen, sich von Ängsten und Aggressionen, die Konflikte in aller Regel begleiten, nicht überwältigen zu lassen, eine Balance zu finden zwischen einer zu geringen Konfliktbereitschaft (Harmoniebedürfnis) und einer zu ausgeprägten (Streitlust). Wichtig ist auch **Diagnosefähigkeit**, d.h. das Erkennen der Struktur von Konflikten.

Inneres Feuer

Die Fähigkeit zu mitreißender und richtungweisender Führung hängt auch eng zusammen mit dem eigenen Umgang mit Themen wie: innerem Feuer, Charisma, Leidenschaft, **Begeisterungsfähigkeit**, Glück und Zufriedenheit. Man muss also auch glücklich sein können, d.h. die Fähigkeit besitzen, Glück und Zufriedenheit zu entwickeln und dies in die Arbeit einfließen lassen. Die Liebe zur Tätigkeit, zu den beteiligten Personen oder zur Sache ist es auch, die durchschnittliche Führungskräfte von besonders guten unterscheidet.

Persönlicher Mut

Untersuchungen, die persönliche Eigenschaften erfolgreicher Führungskräfte erforschen,[2] zeigen, dass diese sehr unterschiedlich sind, dass persönlicher Mut aber jedenfalls eine Gemeinsamkeit jener Personen ist, die Leadership-Qualitäten haben. Dazu gehört die Bereitschaft und Fähigkeit, unangenehme Schritte zu tun oder unbeliebte Positionen einzunehmen, nein zu sagen, die eigene **Komfortgrenze** zu überschreiten. Erfolgreiches Leadership braucht Risikobereitschaft, Entscheidungsfreude, Autonomie, die Fähigkeit, auch harte Entscheidungen zu treffen. Dazu gehört auch die Bereitschaft, **Fehler** zu machen und auch bei anderen zu tolerieren – Fehlervermeidungsexperten bringen Organisationen und Personen selten zu kreativen und spannenden Leistungen.

Die Entwicklung starker persönlicher Visionen

Eine Vision ist eine wünschenswerte Vorstellung der Zukunft („wofür lebe/arbeite ich überhaupt?“), ein starkes inneres Bild einer zukünftigen Realität. Diese Vision muss vier Bedingungen erfüllen:

- Sie muss vorstellbar, klar und konkret sein.
- Sie muss attraktiv sein, d.h. eine innere Zugkraft entfalten („Da will ich wirklich hin!“).
- Sie muss anspruchsvoll, aber auch realistisch machbar sein.
- Sie muss positiv formuliert sein, nicht als „weg von..“ , sondern als „hin zu..“

[2] Z.B. *Koestenbaum*, P. 1991.

Damit wird die Fähigkeit, sich etwas zu wünschen oder auch träumen zu können zu einer Voraussetzung **inspirierender Führung** – etwas, das gemeinhin wenig mit dem Bild einer handlungsorientierten und realistischen Führungskraft assoziiert wird.

Starke Visionen sind auch im Umgang mit Mitarbeitern wichtig im Sinn der Förderung und Kultivierung der Sehnsucht, etwas Besonderes zu leisten. So sagte der erfolgreiche Schispringer Anton *Innauer* über seinen Trainer Baldur *Preiml*: „Er hat mir das Gefühl gegeben, dass ich etwas Besonderes erreichen kann, und damit den Keim ganz tief gesetzt." *Saint-Exupery* formuliert: „Willst du ein Schiff bauen – lehre die Männer die Sehnsucht nach dem Meer".

Die Entwicklung und Pflege starker persönlicher Werte

Hier geht es um klare und gelebte innere Vorstellungen über Ethik und Werte, darüber, wie mit Menschen umgegangen werden soll, um die Vernetzung mit der Gesellschaft, um Vorstellungen von richtig und falsch. Dies spiegelt sich wider in der Art der Kommunikation, Integrität, Loyalität, Commitment, Vertrauen, Wertschätzung, Fairness und Ehrlichkeit. Die Wirtschaft entdeckt gerade wieder die Bedeutung kollektiver Werte als Mittel der Legitimierung und Motivierung, so werden Werte-Chartas verfasst und Engagement in Richtung Corporate Social Responsibility betrieben. Auch wenn diese Bestrebungen nicht immer von echtem Bemühen getragen sind, also nur ein „Mitschwimmen" in Modeströmungen darstellen, zeitigen sie ihre Wirkung.

Die **wertebasierte Vorbildwirkung** von Führungskräften gilt auf zwei Ebenen: Erstens gilt sie auf der Ebene der Werte und Haltungen, die die Organisation nach außen vertritt – hier muss die Führungskraft mit besonderer Achtsamkeit vorleben. Zweitens gilt sie auch auf der Ebene der organisatorischen Verbindlichkeit, dem Einhalten vor Regeln, dem Beachten von Vereinbarungen, dem Umgang mit Arbeitszeit.

5.1.3. Hypothesen zur Führung der eigenen Person in NPOs

1. Im Wissen um die Notwendigkeit von Persönlichkeitsentwicklung sind viele NPOs anderen Organisationen einen Schritt voraus.

Supervision und Coaching haben in diesem Sektor bereits eine längere Tradition als in öffentlicher Verwaltung und Profitunternehmen. Persönliche Krisen, die oftmals mit der Persönlichkeitsentwicklung einhergehen, werden weniger rasch stigmatisiert und die Bereicherungen persönlichen Lernens werden eher gesehen. Dies ist vermutlich ein positiver spin-off einer oft dysfunktionalen Personalisierungstendenz in NPOs. Weiters ist die Akzeptanz von persönlicher Entwicklung auch berufsfeld-spezifisch: v.a. im Bereich der Sozialarbeit, der helfenden und pflegenden Berufe gibt es diesbezüglich eine längere Tradition als etwa im Bereich von Banken, Rechtsanwaltskanzleien oder Industrieunternehmen.

2. Dennoch ist gezielte Persönlichkeitsentwicklung in NPOs oft besonders herausfordernd.

Obwohl die Bedeutung persönlichen Lernens eher erkannt wird, ist es nicht unbedingt leichter, dieses zu organisieren. Denn der Druck, soviel wie möglich der vorhandenen

Ressourcen in „die gute Sache" zu investieren, und so wenig wie möglich für Verwaltung und indirekte Kosten aufzuwenden führt in vielen NPOs zu sehr schmalen Fortbildungsbudgets.

3. Aufgrund der großen Widersprüche in vielen NPOs hat Konfliktfähigkeit eine besondere Bedeutung.

Widerspruchslagen erfordern aktives Konfliktmanagement. In vielen NPOs ist aber eine hohe Konfliktabwehr auffällig, es gibt eine sehr vorsichtige, unterdrückende Konfliktkultur. Hier braucht es einen besonders sensiblen, aber auch hartnäckigen Umgang mit Konflikten. Die Führungskraft muss gegen den Strom der Organisationskultur schwimmen, ohne die Mitarbeiter vor den Kopf zu stoßen. Manche stark ideologischen NPOs wiederum neigen zu permanenter, lustvoller, aber dann oft auch unproduktiver Konfrontation. Hier braucht es eher massivere Interventionen, die aber dennoch anschlussfähig sein müssen. Die Fähigkeit der bewussten **Reflexion der Konfliktdynamik** wird hier wichtig, gerade auch, da oft intensive persönliche Beziehungen den sachlichen Umgang mit strukturellen Konflikten erschweren.

4. Führung in NPOs ist besonders anspruchsvoll und braucht aus mehreren Gründen besonders hohe persönliche Reife und psychosoziale Kompetenz.

Erstens erfordern die beschriebenen Widersprüche besonders hohe Konfliktfähigkeit, Ich-Stärke und Reflexionsfähigkeit.

Zweitens kann aufgrund der Informalitätstendenzen weniger auf formale Autorität zur Durchsetzung von Anordnungen gebaut werden, geführt wird damit besonders stark über die Persönlichkeit. Führung wird in NPOs häufig weniger akzeptiert, es gibt weniger Möglichkeit, Zwang auszuüben, aber psychosoziale Kompetenz kann die Abwehr gegenüber der Führung vermindern.

5. In Bezug auf das Führen auf Basis persönlicher Werte haben NPOs einen Vorsprung, es braucht aber dennoch einen sehr reifen und reflektierten Umgang mit eigenen Werten.

Einerseits müssen diese Werte besonders stark ausgeprägt und gefestigt sein, schließlich ist ein wesentliches Motiv für die Arbeit vieler NPOs das Eintreten für gemeinsame Werte und Ziele. Nur wenn eine Führungskraft glaubwürdig eigene starke Werte vertritt, ist sie damit in einer wertgeladenen Organisation überzeugend und anschlussfähig.

Andererseits soll der Umgang mit diesen Werten nicht starr werden, gerade in sehr ideologisch orientierten NPOs ist es oft schwierig, die eigenen Werte und jene der Organisation der Selbstreflexion zugänglich zu halten – bisweilen sind hier starre **Wertekorsetts** beobachtbar, ideologische Killerphrasen und -argumente werden damit zur Herausforderung.

6. Gerade in NPOs, die stark personenorientiert sind, braucht es viel Mut auf Seiten der Führungskraft.

Wenn in der Organisation starke persönliche Bindungen existieren und die Beziehungen zwischen den Mitarbeitern wichtig genommen werden, dann erfordert dies letztlich auch

Mut zur Konfrontation, zum Setzen von Grenzen, zu ehrlichem Feedback und zum Verhängen von Sanktionen. Stärker als in Wirtschafts- und Verwaltungsorganisationen wird von Führungskräften erwartet, dass sie menschlich, nett und mitarbeiterorientiert sind, harte Entscheidungen oder Kritik werden schneller persönlich genommen und abgelehnt.

In einem größeren Zusammenhang braucht es auch viel Mut, wenn die NPO gesellschaftliche Veränderungen erwirken will, es geht darum, herrschende Paradigmen in Frage zu stellen, bewusst mit Verhältnissen in Konfrontation zu treten und auch einmal ungewöhnliche Wege zu gehen.

7. Psychosoziale Kompetenz als Selbstschutz gegenüber der Organisation ist im NPO-Bereich besonders bedeutsam.

Gerade Organisationen, die Gutes tun, deren Mitarbeiter ambitioniert sind und deren Ziele gesellschaftlich wichtig sind, machen es schwer, sich abzugrenzen. Ideologien und Werte führen zu nichterfüllbaren Zielen – genug ist nie genug. Wer die Umwelt retten, die Menschenrechte verteidigen oder die Interessen diskriminierter Personengruppen schützen will wird niemals fertig – die damit angelegte Tendenz der (Selbst- und Fremd-)Ausbeutung braucht somit besonders klare **Abgrenzung und Selbstschutz**, letztlich auch als Basis für den Schutz von Mitarbeitern. Nicht ohne Grund ist die Burn-out-Gefährdung v.a. im Sozialbereich sehr hoch. Es braucht damit die Fähigkeit der Rollendistanz bei gleichzeitiger Aufrechterhaltung des Engagements.

Eine Kernfrage, die sich jede Führungskraft in einer NPO stellen sollte, lautet damit: Ist diese Arbeit mein Leben oder ist sie ein Teil in meinem Leben? Habe ich genug Rollendistanz, um mir vorstellen zu können, auch einmal etwas anderes zu tun und mache ich dies auch der Organisation gegenüber deutlich (befristete Verträge, klare Jahresziele)? Aus einer Wirtschaftsorganisation in eine andere zu wechseln ist vergleichsweise einfach, der Weggang aus einer NPO gilt dagegen oft als Verrat.

Rollendistanz ist auch wichtig für einen sorgfältigen Umgang mit Anspannung und **Entspannung**, also mit dem Organisieren eigener Erholung und Entlastung, dem Feiern von Erfolgen und nachhaltiger **Gesundheitsförderung**. Während Trainer im Sport die Bedeutung von Trainingspausen mittlerweile gut kennen, wird die Notwendigkeit von Erholung und Entspannung in der Wirtschaft häufig dem Gewinninteresse geopfert, im NPO-Bereich dagegen dem Zwang zum Auskommen mit knappen Ressourcen und der Ideologie.

5.1.4. „Rezepte“ für den Umgang mit strukturellen Konflikten

Aufgrund der hohen Widerspruchslage in NPOs gibt es auch ein besonders hohes Maß an strukturellen Konflikten in Hinblick auf strategische Orientierungen, auf die Befriedigung der Interessen wichtiger Stakeholder und auf die Struktur der Organisation. Diese stellen die Führung im Alltag vor viele operative Konfliktsituationen und führen nicht selten zum Gefühl, es letztlich niemandem Recht machen zu können, vielleicht doch nicht geeignet für diesen Job zu sein, etc.

Verschärft wird diese Situation für die meisten Führungskräfte dadurch, dass sie sich als **Zwischenvorgesetzte** im Spannungsfeld zwischen ihrer Führung (und letztlich der

Organisation) und den Mitarbeitern befinden. Jede Organisation ist Mittel zum Zweck. Und als solche darf sie an Menschen nur als Funktionsträger interessiert sein, sich um Einzelne und ihre Befindlichkeiten und Interessen nur soweit kümmern, als diese für die Zielerreichung relevant sind. Zugleich wollen Mitarbeiter als Menschen mit individuellen Bedürfnislagen wahrgenommen und berücksichtigt werden. Anders gesagt: Die **Organisation ruft Funktionsträger** und **bekommt Menschen**. Die meisten Führungskräfte müssen diesen Strukturkonflikt in ihrem Alltag ständig ausbalancieren. Dieser Konflikt ist in NPOs bisweilen noch ausgeprägter als in anderen Organisationen, da es wenig Akzeptanz für die Sichtweise der Organisation als Mittel zum Zweck gibt. Die herrschende Organisationskultur will Menschen in den Mittelpunkt stellen, übersieht jedoch, dass sie sich damit in Widerspruch zu – durchaus auch funktionalen Eigendynamiken – von Organisationen begibt.

Um diesen wie auch die oben genannten Widersprüche langfristig auszuhalten und hier gut handlungsfähig zu bleiben, sind die im Folgenden genannten persönlichen Fähigkeiten und Verhaltensweisen empfehlenswert, ihre Entwicklung und Pflege braucht hohe Aufmerksamkeit. Sie sind nicht als Rezept zu verstehen, sondern als **Fokus der persönlichen Entwicklung** jeder Führungskraft und können als fünf Eckpfeiler gelten, die gleichzeitig zusammenfassend der Succus der oben genannten Aspekte der psychosozialen Kompetenz sind.

1. Rollenakzeptanz

Das bedeutet die Bereitschaft und Fähigkeit, wirklich ja zur Rolle als Führungskraft zu sagen, und das auch, obwohl sie mit Widersprüchen und hohen persönlichen Zumutungen verbunden ist und obwohl man aus dieser Rolle heraus bisweilen auch Dinge tun muss, die unangenehm sind, die man persönlich lieber lassen würde. Angesichts dessen, dass die Annahme einer Führungsfunktion oft die einzige Möglichkeit zu Karriereschritten ist, bedarf es hoher persönlicher Stärke zu sagen, „Nein, das ist nichts für mich, ich möchte lieber weiter fachliche Arbeit machen, statt auch einmal Mitarbeiter kündigen oder berechtigte Ansinnen ablehnen zu müssen".

2. Rollendistanz

Ebenso bedeutend ist gleichzeitig die Fähigkeit, sich von dieser Rolle auch zu distanzieren, nicht vollständig darin aufzugehen, sprich, auch noch anderes zu sein und zu leben als die Rolle der Führungskraft. Eben zu wissen, dass es sich nur um eine Rolle handelt.

Eine Person, die sich nur über die Rolle des Geschäftsführers des Bereichsleiters der Organisation X definiert, die mit der Zeit wenige Interessen und Bezugspersonen außerhalb dieser Funktion hat, kaum mehr abschalten kann und die Aufgabe regelmäßig zumindest gedanklich auch mit nach Hause nimmt, ist nicht nur Burn-Out gefährdet, sondern auch selten langfristig eine gute Führungskraft. Eine gesunde Distanz zur Organisation, zur eigenen Funktion und damit auch zu manchen Problemen und Konflikten ermöglicht eine **funktionale Leichtigkeit** im Umgang mit Schwierigkeiten, und damit häufig erst tragfähige Lösungen. Wer zu nahe an einer Sache dran ist, nimmt bald nur mehr Details wahr, nicht mehr aber das große Ganze.

3. Konfliktfähigkeit und Widerspruchstoleranz

Neben den oben genannten Aspekten der Handlungsfähigkeit in Konflikten ist hier vor allem die Fähigkeit zur Diagnose von strukturellen Konfliktsituationen wichtig. Wenn ich erkenne, dass die Situation so gelagert ist, dass ich es bei allem Bemühen nicht jedem Recht machen kann, dann kann dies zunächst höchst entlastend sein – ich muss mich nicht noch zusätzlich mit Selbstvorwürfen belasten. Im Weiteren ermöglicht eine **adäquate Diagnose** passende Interventionen, ich werde z.B. an strukturelle Konfliktlagen nicht mit dem Anspruch herangehen, das Problem ein für alle Mal zu lösen, sondern eher geeignete Formen der regelmäßigen Austragung dieser Konflikte organisieren. Damit verbindet sich auch die Fähigkeit, Widersprüche auszuhalten, sie als normale Arbeitsschwierigkeit zu sehen und zu tolerieren, ohne sich von ihnen aufreiben zu lassen.

4. Horizontale Solidarität – Austausch und Unterstützung mit Gleichgesinnten

Führen ist ein einsamer Job. Man gehört nicht mehr so ganz zum eigenen Team, muss zumindest immer auch ein Stück am Rand bleiben, um die Funktion wahrnehmen zu können und steht exponiert im Spannungsfeld zwischen unterschiedlichen Logiken der Organisation. Damit wird es besonders wichtig, sich **Unterstützung** und Austausch zu organisieren. Viele Zweifel und Fragen lassen sich weder mit den eigenen Mitarbeitern noch mit dem eigenen Vorgesetzten wirklich gut besprechen.

Abgesehen von der Unterstützung durch organisationsfremde Personen (Freunde, Partner, Coaches, Berater) kommt damit dem Austausch und Zusammenhalt mit anderen Führungskräften der gleichen organisationalen Ebene besondere Bedeutung zu. Wir erleben dies häufig in Führungskräfte-Trainings. Neben den behandelten Themen ist vor allem die Diskussion mit Gleichgesinnten von extrem großer Bedeutung. Oftmalig dort genannte Aha-Erlebnisse und große Erleichterung nach dem Motto „Den anderen geht es ja ähnlich wie mir!“ zeigen, wie sehr dieser Punkt in der Praxis der meisten Organisationen vernachlässigt wird.

5. Ich-Stärke

Zuletzt braucht es Ich-Stärke, d.h. jene oben beschriebene psychosoziale Kompetenz, um die Führungsrolle effektiv und nachhaltig zu leben. Klarheit über den eigenen Weg, Selbsterkenntnis, starke gelebte Werte, Mut, Glücks- und Beziehungsfähigkeit sind Lebensthemen. Sie erfordern die kontinuierliche Bereitschaft zu persönlichem Lernen und Entwicklung.

5.1.5. Auch Selbstführung kann man lernen

Führen braucht also psychosoziale Kompetenz und diese ist nicht angeboren, sondern kann erlernt werden. Dafür braucht es ebenso Aus- und Weiterbildung wie für die fachliche Kompetenz. Dies wird oft nicht ausreichend erkannt, und in der Regel kommen Personen zudem nicht aufgrund ihrer psychosozialen Kompetenz in Führungspositionen, sondern aufgrund von fachlicher Kompetenz.

Die gezielte **Weiterentwicklung persönlicher Kompetenzen** wird nicht nur deswegen vernachlässigt, weil deren Bedeutung unterschätzt wird, sondern auch, weil es häufig nicht leicht ist, als Führungskraft an der eigenen Person zu arbeiten. Erstens lässt das Alltagsgeschäft oft wenig Zeit dazu. Zweitens stehen organisationskulturelle Faktoren – v.a. Erwartungen an „perfekt funktionierende" Führungskräfte – dem oft entgegen. Es gilt unausgesprochen immer noch für viele Personen bzw. in vielen Organisationen, dass es nicht legitim ist, Hilfe, Weiterentwicklung, Bildung anzunehmen, weil erwartet wird, dass Personen in der Funktion das sowieso können sollten.

Dazu ein besonders deutliches Beispiel aus einer großen Bildungsorganisation: Nachdem eine Mitarbeiterbefragung Unzufriedenheiten mit der persönlichen Kompetenz vieler Führungskräfte ergeben hatte, wurde Führungskräften individuelles Coaching angeboten. Von ca. 50 Personen nahmen dies allerdings nur zwei in Anspruch.

Die Entwicklung psychosozialer Kompetenz ist insofern eine wichtige Voraussetzung, als es dafür Kontakt braucht, vieles kann nicht alleine gelernt werden, und dieser Kontakt ist notwendigerweise oft sehr persönlich, am Weg auf der Suche nach sich selbst werden u.U. Dinge thematisiert, die intim sind, mit Scham verbunden sein können, jedenfalls einen geschützten Rahmen brauchen. Es braucht also für die Fortbildung der Führungskompetenz eine Mischung von internen und externen Veranstaltungen. Interne Veranstaltungen können den Boden aufbereiten, d.h. psychosoziale Kompetenz fördern und deren Bedeutung betonen, diesbezüglich also einen Wertewandel befördern. Da es bei **internen Veranstaltungen** gerade für Führungskräfte allerdings nur begrenzte Möglichkeiten gibt, sich persönlich zu äußern, braucht die unmittelbare Persönlichkeitsentwicklung auch **externe Gelegenheiten**, die einen Rahmen bieten.

5.2. Mitarbeiterführung

Dieser Puzzlestein der Führung, in dem es um die unmittelbare Begleitung einzelner Menschen geht, ist ein Herzstück der Führungsarbeit und als solches naturgemäß auch deutlich stärker in Theorie und Praxis bearbeitet als andere Aspekte. Wir verweisen an dieser Stelle vor allem auf die Ausführungen von *Eckardstein*[1] und versuchen daher im Folgenden auch nicht, einen lückenlosen Überblick über diesen Aufgabenbereich zu erstellen.

Stattdessen werden wir zunächst einige typische Merkmale von NPOs in Bezug auf Mitarbeiterführung nennen. Diese laufen sämtlich darauf hinaus, dass die wichtigste Führungsaufgabe in diesem Puzzlestein in der Gestaltung eines fundierten Personalmanagements der Gesamtorganisation liegt. Darauf aufbauend werden wir einige Aspekte der interaktionellen Führung herausgreifen, die entweder besondere Bedeutung für die Mitarbeiterführung in NPOs haben, oder die bislang u.E. noch zu wenig Beachtung finden.

---

[1] *Von Eckardstein* 2007.

5.2.1. Besondere Aspekte der Mitarbeiterführung in NPOs[2]

5.2.1.1. Geringe Aufmerksamkeit für Personalmanagement

Eine breit angelegte Untersuchung des Personalmanagements in Organisationen des Sozialbereichs[3] zeigt deutlich, dass in NPOs wenig aktives Personalmanagement betrieben wird. Personal wird eher verwaltet als aktiv gemanagt, d.h. es wird wenig in Weiterbildung und Entwicklung der Mitarbeiterinnen investiert, und wenn, dann findet dies nicht sehr zielgerichtet statt, nur wenige Organisationen haben eine explizite **Personalmanagementstrategie**. Organisationen des Sozialbereichs machen – gemessen am Personal – einen Großteil der NPOs aus und es kann zudem angenommen werden, dass viele der hier gewonnenen Ergebnisse auch für andere NPOs gelten, sodass die angeführten Befunde wohl für einen Großteil der Mitarbeiterinnen im NPO-Bereich Realität sind.

Generell wird zwar die Bedeutung eines guten Arbeitsklimas sowie jene der Eigenständigkeit und Eigenverantwortlichkeit der Mitarbeiterinnen betont, aktiv wird allerdings wenig getan.

Einzig **Weiterbildung** wird in allen Organisationen als wichtige Maßnahme gesehen. Personalentwicklung wird oft generell als Erweiterung persönlicher Qualifikationen verstanden. Es geht also weniger darum, einzelne Mitarbeiterinnen gezielt in Richtung konkreter Führungspositionen oder Einsatzbereiche zu entwickeln, als vielmehr darum, die Mitarbeiterinnen – angesichts belastender Arbeitsbedingungen – persönlich zu unterstützen. Nicht in allen Organisationen kann das Personal mit einer finanziellen Unterstützung zur Weiterbildung rechnen, oft werden nicht einmal Dienstfreistellungen gewährt.

5.2.1.2. In vielen NPOs ersetzt permanentes Krisenmanagement ein systematisches Personalmanagement

Krisenhafte Situationen gibt es im NPO-Sektor häufig: Permanenter Personalmangel in der Altenpflege, drastische finanzielle Krisen in Sozialorganisationen, organisationale Veränderungs- oder Wachstumsprozesse, hohe Fluktuationsraten etc. Bisweilen gewinnt man in Bezug auf den Umgang der NPOs mit ihrem Personal den Eindruck eines **Teufelskreises** – statt sich systematisch um die Gewinnung, Entwicklung und Erhaltung des Personals zu kümmern, wird Krisenmanagement betrieben, ein Umstand, der wiederum zu weiteren Krisen in Bezug auf das Personal führt.

Viel Zeit und Energie werden darauf verwendet, neues **Personal** zu **akquirieren**. Für die bestehenden Mitarbeiterinnen bleibt dann zuwenig Aufmerksamkeit.

5.2.1.3. Das Problem des Personalmangels nimmt zu

Insbesondere im Bereich der Sozialen Dienste und im Gesundheitsbereich ist deutlicher Personalmangel zu beobachten, und es ist anzunehmen, dass sich dieses Problem in Zukunft noch verschärfen wird.[4] Damit gewinnen die gezielte Führung von Mitarbeiterin-

[2] Vgl. *Meyer/Simsa* 2004.
[3] *Simsa/Schober/Schober* 2003.
[4] *Simsa* 2004.

nen sowie die Schaffung von organisationsweiten Strukturen der Personalentwicklung an Bedeutung. Untersuchungen belegen klar, dass sowohl die **Arbeitszufriedenheit** wie auch die **Arbeitsmotivation** mit zunehmenden Anstrengungen des Personalmanagements steigen.

5.2.1.4. NPOs verfahren nicht immer pfleglich mit ihren Mitarbeiterinnen

Mitarbeiterinnen in NPOs beuten sich nicht nur bisweilen selbst aus, sondern werden in vielen Fällen auch von der eigenen Organisation ausgenutzt. Gründe liegen

- in der Knappheit von Ressourcen (die in vielen NPOs bis zur permanenten Existenzgefährdung reicht),
- in hohen inhaltlichen Ansprüchen in Bezug auf die Erreichung der Mission (denen im Zweifelsfall auch berechtigte Bedürfnisse der Mitarbeiterinnen untergeordnet werden),
- in überzogenen Erwartungen an die intrinsische Motivation des Personals
- und auch schlicht in mangelndem Personalmanagement-Wissen.

Interessengegensätze zwischen der Organisation und dem Personal werden häufig weniger direkt ausgetragen (etwa mittels Arbeitskampf oder klaren Betriebsvereinbarungen) als im Profitbereich.

5.2.1.5. Das Verhältnis zwischen Personal und NPOs ist in vielen Fällen zu wenig klar abgegrenzt

Angesichts dieser **Ausbeutungstendenzen** wäre es für Mitarbeiterinnen von NPOs wie auch für die Organisationen selbst bisweilen entlastend, ein funktionaleres, klarer abgegrenztes Verhältnis zwischen Menschen und der Organisation zu etablieren – sich also wechselseitig als „Mittel zum Zweck" zu betrachten.

NPOs gelingt es oft besonders gut, die Illusion zu vermitteln, es ginge ihnen um den ganzen Menschen, man habe es nicht mit „Rädchen im Getriebe", sondern mit wertvollen Individuen zu tun. Programmatische Aussagen wie „Bei uns steht der Mensch im Mittelpunkt" geben der Organisation zwar möglicherweise ein humaneres Antlitz, erschweren aber eher ein Verständnis der Logik von Organisationen und einen klaren Zugang zur eigenen Arbeitsaufgabe. Und sie erschweren es Mitarbeiterinnen auch, eine oft entlastende und **gesunde Distanz** zur Organisation und ihren Zielen aufzubauen, sich vor den tendenziell unendlichen Anforderungen der Organisation zu schützen, auch auf sich selbst und nicht nur auf die Ziele der Organisation zu achten.

5.2.1.6. NPOs können von einem hohen Maß an intrinsischer Motivation ausgehen

Die hohe **inhaltliche Identifikation** der Mitarbeiterinnen mit den Zielen der Organisation ist sicher eine Besonderheit vieler NPOs. Auch wenn intrinsische und extrinsische Motivation häufig nicht strikt zu trennen sind bzw. viele Mischformen auftreten, können sich viele NPOs auf ein hohes Maß an Motivation ihrer Mitarbeiterinnen verlassen – man arbeitet um der Arbeit und um deren Wirkung willen und nicht primär wegen sonstiger „Belohnungen". Dies ist zum einen sehr positiv für die betroffenen Organisationen – Profitorganisationen lassen es sich häufig viel Geld kosten, um auch nur einen annähernd so hohen Grad an Motivation zu erzeugen. Es birgt aber auch die Gefahr, gezielte Maßnahmen der Verhinderung von **Demotivation** zu vernachlässigen: Motivation hat man, man braucht sich darum nicht zu kümmern. Uns so wird z.T. vergessen, dass auch eine noch so ausgeprägte intrinsische Motivation durch ungünstige Arbeitsbedingungen und Tätigkeitsmerkmale langsam zersetzt werden kann.

5.2.1.7. Und doch vollzieht sich ein Wandel: Mitarbeiterinnen sehen sich und die Organisation zunehmend als Mittel

Eine Untersuchung über die Arbeitsverhältnisse im Dritten Sektor in Deutschland zeigt, dass Mitarbeiterinnen ihr Verhältnis zur Organisation zunehmend funktionaler verstehen – d.h. ihre Arbeit und die Beiträge der Organisation als Mittel zum Zweck sehen.[5] Demnach war in der Vergangenheit der Zugang zur Organisation geprägt durch:

- Enge Zielorientierung an Organisationszwecken
- Hohe intrinsische Motivation
- Arbeitskoordination nach dem Muster solidarischer Abstimmung (Dienstgemeinschaft)
- Hohe moralische Verantwortung und starke Konformität zu milieurelevanten Sinnorientierungen, feste Weltanschauungen

Demgegenüber ist **gegenwärtig** eine **Arbeitsorientierung** kennzeichnend, die sich auszeichnet durch:

- Geringere loyale Orientierung an Organisationszwecken, vermehrte Eigenkreativität
- Uneindeutigere Motivation (Zwischenschritt in der Karriere, Möglichkeit, an spezifische Qualifikationen zu kommen, Übergangsbeschäftigung, etc.)
- Arbeit hat zunehmend Projektcharakter
- „corporate culture“ löst feste Weltanschauungen ab

In vielen Fällen geht das Management aber hier noch fälschlich von einem gegebenen Altruismus – im Sinn eines: „In unserem Leben ist der Organisationszweck Mittelpunkt“ – aus, und setzt somit eine „alte“ idealistische, beziehungsorientierte, bis zur Selbstausbeutung reichende Arbeitsauffassung voraus. Bei den eigenen Mitarbeiterinnen stößt es dabei auf Unverständnis bzw. Unwillen. Konflikte sind vorprogrammiert.

5.2.1.8. Zwischen Professionalisierung und hehren Erwartungen: das Ehrenamt in der Zwickmühle

Stimmt die These, dass auch NPO-Mitarbeiterinnen ihre Organisationen zunehmend funktionalisieren und die an der Mission und den Organisationszwecken ausgerichteten Motive in den Hintergrund treten, so könnten zunehmende **Konfliktlagen** zwischen ehren- und hauptamtlichen Mitarbeiterinnen die Folge sein. Zudem reduziert der Druck zur fachlichen Professionalisierung, die oft von öffentlichen Auftraggebern eingefordert

[5] *Bode/Graf*, 2000, vgl. S. 161 f.

wird, die möglichen Aufgabenbereiche für Ehrenamtliche. Das reicht so weit, dass manche NPOs neue Aufgabenfelder kreieren, nur um ihre Ehrenamtlichen weiter beschäftigen zu können.

Gleichzeitig beobachten wir auch Tendenzen einer **Deprofessionalisierung**: In der direkten Arbeit mit Klientinnen werden zunehmend Zivildiener und Ehrenamtliche eingesetzt, während „Profis" planen und supervidieren.

Ob sich eine NPO weiterhin als Betätigungsfeld für Ehrenamtliche eignet, wird auch davon abhängen, inwieweit es ihr gelingt, den **Erwartungen der Ehrenamtlichen** zu entsprechen. Und diese sind durchaus vielschichtig. Für den Hospizbereich wurde untersucht, dass es vor allem die soziale Anerkennung, die Möglichkeit zur Selbstentfaltung und Sinnfindung, die Persönlichkeitsentwicklung, die Erhöhung des gesellschaftlichen Status, der Kompetenzzuwachs und die Pflege von Kontakten und Freundschaften sind, die Menschen zu ehrenamtlicher Arbeit motivieren. [6]

5.2.1.9. Prekäre Beschäftigungsverhältnisse dominieren in NPOs

Insgesamt sind zwar im NPO-Sektor **Teilzeitarbeit** und **diskontinuierliche Beschäftigung** mittlerweile annähernd gleich verteilt wie im Gesamtarbeitsmarkt,[7] es ist aber zu vermuten, dass dieser Zustand im NPO-Bereich eine längere Tradition hat. Wie in allen Branchen mit besonders hoher Frauenbeschäftigung ist allerdings in sozialen Diensten die **Teilzeitquote** weit höher als im Gesamtarbeitsmarkt.

Insbesondere soziale Dienste weisen hohe Anteile **atypischer Beschäftigung** auf, d.h. Beschäftigungsverhältnisse mit fehlender Zeitkontinuität des Arbeitseinsatzes, geringeren Arbeitsstunden, fehlenden oder mangelhaften sozialrechtlichen Absicherungen, dauerhaftem außerbetrieblichem Arbeitsort und Umwälzung des Unternehmerrisikos auf die Arbeitenden. Gerade in den mobilen Pflegediensten spielen Aspekte von Entgrenzung (z. B. von Arbeitsort, Arbeitszeit, Beschäftigungsverhältnis, Arbeitsrolle und -anforderungen) eine große Rolle.

Soziale NPOs sind daher im gesamtgesellschaftlichen Trend der Abnahme des Normalarbeitsverhältnisses zugunsten flexiblerer atypischer Arbeitsverhältnisse Vorreiter. Dies ist wohl auch auf Machtasymmetrien auf den einschlägigen NPO-Arbeitsmärkten zurückzuführen: Welche Jobalternativen haben Sozialarbeiter, Sporttrainer oder Künstler? Insgesamt zeigt sich im NPO-Sektor aber die Zunahme von atypischen Beschäftigungsverhältnissen auch für Männer.

5.2.1.10. Personalisierungstendenzen als Erleichterung und Erschwernis für professionelle Mitarbeiterführung

Die Tendenzen der Personalisierung erleichtern und erschweren die direkte Mitarbeiterinnenführung. So bestehen häufiger als im Profitbereich gute, tragfähige **menschliche Beziehungen** zwischen der Führungskraft und den Mitarbeiterinnen, die es erlauben, ehrlicher und damit effektiver zu kommunizieren. Damit können die oben genannten

---

[6] *Hanushevsky* 2000.

[7] *Meyer/Simsa* 2004.

strukturellen Probleme zumindest ein Stück weit ausgeglichen werden, wenngleich in Organisationen persönliche Lösungen selten strukturelle Defizite neutralisieren können.

Gleichzeitig erschweren diese persönlich orientierten Kulturmuster aber auch die **Ausübung von Autorität**, wie Kontrolle oder direkte Anordnung, und gipfeln oft in genereller Skepsis in Bezug auf formale Strukturen. Häufig ist also eine Ablehnung von jenen Aspekten direkter Führung zu beobachten, die einschränkenden Charakter haben, etwa Kontrollen oder direkte Anordnungen. Die Führungskraft muss hier mit z.T. hohem **Widerstand** rechnen und es braucht mehr Aufwand, um die Legitimität von Anordnungen zu verdeutlichen.

5.2.2. Personalmanagement: Notwendigkeit der dreifachen Professionalisierung

Die Professionalisierung des Personalmanagements erfordert Gestaltungen in fachlicher Hinsicht, in Bezug auf Führung und in Bezug auf die Gesamtorganisation.

In Bezug auf die **fachliche Kompetenz** geht es um die Aus- und Weiterbildung von Mitarbeiterinnen. Diese Notwendigkeit wird zunehmend anerkannt, häufig setzen allerdings finanzielle Engpässe den Professionalisierungsbemühungen sehr enge Grenzen.

Die **Professionalisierung der Führung** meint neben der grundsätzlichen Akzeptanz von Führung als eigenständiger und notwendiger Aufgabe die bewusste Gestaltung der Beziehungen zu Mitarbeiterinnen. „Wie viel Zeit nehme ich mir für meine Mitarbeiterinnen? Wie gehe ich mit der Balance von Fördern und Fordern um? Wie will ich mit den Mitarbeiterinnen umgehen?“ etc.

Die **Professionalisierung der Organisation** in Bezug auf die Mitarbeiterführung meint die adäquate Gestaltung organisationaler Strukturen, also von Entscheidungs- oder Verantwortungsbereichen, Ablaufmustern, Leistungsmessung und -bewertung etc. Unklare Führungs- und Verantwortungsstrukturen stellen im Alltag oft hohe Belastungen für Mitarbeiterinnen dar. Tendenziell wird die Entwicklung und Professionalisierung der Gesamtorganisation in den meisten Organisationen vernachlässigt, man fokussiert auf Personen, vergisst aber, dass diese nicht im luftleeren Raum agieren, sondern im Rahmen von Strukturen, die wenig angetastet werden, was wiederum den Erfolg individueller Qualifizierungsbemühungen limitiert. „Wie soll die Organisation insgesamt mit Mitarbeiterinnen umgehen? Welche Chancen können wir Ihnen bieten? Was kann die Organisation tun, um Belastungen oder Demotivation zu mildern? Wo wollen wir in Bezug auf das Personal in fünf oder in zehn Jahren stehen und was muss dazu getan werden?“

5.2.3. Ausgewählte Aspekte der direkten Mitarbeiterführung in NPOs – was tun mit den Mitarbeiterinnen?

Führung von Mitarbeiterinnen im engeren Sinn ist immer eine gelungene Kombination aus fördern und fordern. Und NPOs tun sich in der Regel mit zweiterem etwas schwerer als andere Organisationen. Einer guten Führungskraft gelingt beides gleichzeitig – letztlich muss kein Widerspruch zwischen Fördern und Fordern liegen – (Wer erinnert sich nicht an gute Lehrerinnen oder Chefinnen, die einen förderten, aber eben auch forderten?).

Manche Führungskräfte stellen sich der direkten Führung von Mitarbeiterinnen auch, indem sie sich regelmäßig fragen: Was ist mein Motto, mein Leitspruch in der Führung meiner Mitarbeiterinnen? (z.B. „Hart in der Sache und freundlich zum Menschen!" oder: „Ich habe stets offene Türen für meine Leute!" oder: „Gut und aktiv zuhören ist mein wichtigstes Führungsinstrument!"). Und dann suchen sie noch nach einer passenden Form, die Sicht der Mitarbeiterinnen darüber einzufordern, wie weit es gelingt, dieses Motto einzuhalten.

Im Folgenden möchten wir fünf Aspekte der interaktionellen Führung mit besonderer Bedeutung in NPOs anführen:

5.2.3.1. Führung höchst unterschiedlicher Mitarbeitergruppen

Das gibt es in Unternehmen nicht: hauptberuflich angestellte Mitarbeiterinnen und freiwillige oder ehrenamtliche Mitarbeiterinnen.

Wie wenig klar die Führung und „Handhabung" der letztgenannten Mitarbeitergruppe ist, zeigt schon oft die Unklarheit und Uneinheitlichkeit der Bezeichnung dieser Mitarbeiterinnen. „Freiwillige" würde ja bedeuten, dass alle anderen Unfreiwillige sind und die Bezeichnung Ehrenamt klingt auch nicht gerade modern – am treffendsten ist wohl die Unterscheidung von bezahlten und unbezahlten Kräften. Jedenfalls bedarf es einer anderen Art der Führung, wenn ich es mit Menschen zu tun habe, die nicht auf meiner „Pay-Roll" stehen. Viele NPO-Führungskräfte wissen Bescheid über die besonderen Schwierigkeiten und Herausforderungen beim Zusammentreffen von bezahlten und unbezahlten Mitarbeiterinnen. Eine heikle Aufgabe, hier weder die einen noch die anderen herauszuheben oder zu frustrieren.

Unsere Empfehlung ist, möglichst auch mit den unbezahlten Mitarbeiterinnen einen Vertrag oder jedenfalls eine **schriftliche Vereinbarung** zu fixieren, in der klar angesprochen wird, was die Organisation von der Mitarbeiterin erwartet und was die Mitarbeiterin im Gegenzug von der Organisation erwarten kann. Auch wenn es in diesen Fällen nicht Geld ist, so gibt es doch auch Erwartungen und legitime Ansprüche des Freiwilligen an die Organisation.

Ein weiterer Aspekt ist, dass die Zugehörigkeit unbezahlter Mitarbeiterinnen oftmals viel unklarer ist als jene bezahlter. Da kann es schon geschehen, dass sich manch engagierte Person als ehrenamtliche Mitarbeiterin von XY ausgibt und die Organisation gar nichts von ihr weiß. Hier gilt es, möglichst klare Grenzen zu setzen, sich aktiv um unbezahlte Mitarbeiterinnen zu kümmern, und diese so klar zu verwalten wie auch das bezahlte Personal.

Wir halten in diesem Zusammenhang auch die Frage nach einer „erwünschten" Fluktuation für hilfreich. Also: Wie viel Fluktuation halte ich für meinen Bereich für sinnvoll oder gesund? Wie viel ist zuviel? Aber wie viel ist auch zuwenig? Gerade NPOs tun sich mit dieser Frage nicht immer leicht und es gibt auch weit weniger verlässliche Vergleichsdaten anderer Organisationen, und so kann dann jede Form von Wechsel rasch als sehr unangenehm und belastend erlebt werden. Wir empfehlen diese Frage regelmäßig aufs Tapet zu bringen und sich auf ein gesundes Maß zu einigen.

5.2.3.2. Führung auch „nach oben"

Führungskräfte in NPOs, vor allem Geschäftsführerinnen sehen sich häufig einer Situation gegenüber, in der sie nicht nur ihre Mitarbeiterinnen führen, sondern auch ihre „**Vorgesetzten**". Gerade in Vereinen entsteht in vielen Fällen eine Situation, wo es letztlich die Geschäftsführerin ist, die in unterschiedlicher Offenheit thematisiert und organisiert, wer denn nun für den nächsten Vorstand kandidiert, wer zur Generalversammlung erscheint oder wer in Gremien wie Aufsichtsräte, Stiftungsräte oder Beiräte nominiert wird (siehe auch Kapitel 7 im Gespräch mit dem Rechtsanwalt).

An dieser Stelle soll weniger auf die demokratiepolitisch gelegentlich gewagten Konstruktionen mancher NPOs verwiesen werden, sondern wir wollen die Sensibilität der Führung für diese Eigenart vieler NPOs schärfen. Wenn mir bewusst ist, dass ich in einem hohen Ausmaß auch „nach oben" führe und somit häufig auch nicht erwarten kann, selbst geführt zu werden, werde ich eher lernen damit umzugehen, als wenn ich dies verdränge oder nur nicht wahrnehme.

Wir haben auch NPOs kennengelernt, in denen die verschlungenen Pfade, wie Vorstände nominiert und gewählt werden, wohl auch Methode haben, in denen also eine verdeckte und verborgene Vorgangsweise erwünscht oder jedenfalls sinnvoll ist. So haben alle Organisationen, die gegen etwas an- und auftreten – und solche gibt es in großer Zahl –, immer auch die berechtigte Sorge, von Gegnern unterwandert zu werden. Und wenn es so einfach wäre eine oder mehrere Personen in den Vorstand von attac oder amnesty oder ähnlichen Organisationen einzuschleusen, wäre dies wohl bereits häufiger geschehen. So wird die Organisation nach Wegen oder Formen suchen, sich hier abzusichern und dies kann auch durch **Intransparenz** erfolgen – all das muss ich als Führungskraft wissen, verstehen und dann auch schützen.

5.2.3.3. Der Faktor Zeit – direkter Kontakt als wesentlicher Teil der Führung

Vieles wird über das soeben begonnene 3. Jahrtausend behauptet und geschrieben, doch kaum etwas scheint so eindeutig wie die zunehmende Schnelllebigkeit. Jede Führungskraft erlebt diesen Engpass täglich, sei es in der Verzweiflung vor dem Maileingang, im Brüten über dem Kalender oder im Laufschritt von einem Meeting zum nächsten Termin.

So wird das Sicherstellen von ausreichender Zeit für Kontakte, zu einer wesentlichen Führungsaufgabe. Es gilt zwar, der Verführung zu widerstehen, ständig für Mitarbeiterinnen da zu sein und damit letztlich viele strategische Führungsaufgaben nicht mehr wahrnehmen zu können, genauso wichtig kann es aber auch sein, aktiv und vorausschauend ein Minimum an Zeit für direkten Kontakt und Austausch sicherzustellen.

Kernfragen für jede Führungskraft lauten:

- Wie viel Zeit will und kann ich mir tatsächlich für meine Mitarbeiterinnen nehmen?
- Wie offen sind meine Türen und wann?

- Wie gestalte ich die regelmäßige Kommunikation und den Kontakt mit Mitarbeiterinnen, die an einem anderen Ort arbeiten?
- Wie oft besuche ich Niederlassungen, Zweigstellen etc. persönlich? Unternehme ich grundsätzlich nur angekündigte oder auch unangemeldete Besuche?

5.2.3.4. Selbstausbeutung – Schutz der Mitarbeiterinnen als Führungsaufgabe

Der NPO-Sektor umfasst, wie schon beschrieben, höchst unterschiedliche Organisationen. Dies ist auch in Bezug auf Arbeitsbelastung deutlich. Während Beschäftigte insbesondere im Sozialbereich deutlich höher belastet sind als andere Arbeitnehmergruppen, finden sich in anderen NPOs auch viele Mitarbeiterinnen, die hier tätig sind, weil sie sich dem Stress von Wirtschaftsorganisationen eben nicht aussetzen wollen.

Der häufigere Fall ist allerdings, dass Mitarbeiterinnen besonders belastet sind, die Tätigkeit wird als „Sisyphusarbeit“ wahrgenommen, und Burn-Out-Effekte treten besonders häufig auf. Gerade im Pflege- und Sozialbereich hat das Auftreten von **Burn-Out** eine lange Tradition. Darüber hinaus fallen viele Entlastungsmöglichkeiten, die in anderen Organisationen gegeben sind, weg, etwa das Schimpfen über Kunden oder die eigenen Produkte, da viele NPOs mit stark benachteiligten Personengruppen arbeiten, und täglich mit Krankheit, Tod, Einsamkeit und Bedürftigkeit zu tun haben.

Burn-Out betrifft zudem in der Regel Mitarbeiterinnen, die besonders stark motiviert sind, und damit kann auch die hohe **intrinsische Motivation** und Wertorientierung der Mitarbeiterinnen zur Falle werden. Wir finden in NPOs recht häufig ein „Ausbrennen“ durch die Enttäuschung über kaum erreichbare, selbst gesteckte Ziele („Dieses Kraftwerk verhindern wir! Stopp der Gentechnologie! Für mehr Menschenrechte!“) und vergleichsweise geringe Erfolge bzw. Erfolge, die erst Generationen später sichtbar oder erlebbar werden. Hinzu kommt dann auch noch, dass viele NPOs wenig Tradition im Feiern von Erfolgen haben.

In diesem Zusammenhang ist es eine zentrale Führungsaufgabe, Mitarbeiterinnen vor dem Ausbrennen bzw. vor Selbstausbeutung zu **schützen**, sei es vor sich selbst oder gegenüber der Organisation.

Zunächst bedarf dies der genauen **Beobachtung**. Die Führungskraft sollte also eine genaue „**Landkarte**“ der Mitarbeiterinnen im Kopf haben, etwa entlang der folgenden Fragen:

- Wer ist in welchem Ausmaß unter- oder überfordert?
- Wer ist wie motiviert?
- Weiß ich gut genug über jeden Einzelnen Bescheid oder muss ich mir mehr Informationen holen?
- Bei welchen Mitarbeiterinnen sehe ich demnächst Handlungsbedarf?

Ein weiterer Schritt ist die sehr bewusste **Gestaltung der Organisationskultur**. Also die Entwicklung einer Kultur der Sensibilität für Belastungen. Denn die häufig beobachtbare Haltung des Erduldens und Sich-Aufopferns ist langfristig dysfunktional. Eine Führungskraft sollte einschreiten, wenn es in einer Abteilung als schick zu gelten beginnt, gar keine Zeit mehr für Erholung oder Privates zu haben. Etwa wenn Personen, die Teilzeit arbeiten wollen, nicht mehr gut integriert werden oder wenn einer Mitarbeiterin, die um sechzehn Uhr heim geht, nachgerufen wird, ob sie denn nun einen Halbtagsjob bekommen hätte. Wenn Mitarbeiterinnen stolz erzählen, dass sie schon die längste Zeit kein freies Wochenende oder keinen Urlaub mehr gehabt haben, dann liegt es in der Verantwortung der Führungskraft einzuschreiten: So etwas ist nicht als Zeichen von hoher Motivation und damit einer gesunden Organisation zu sehen, sondern im Gegenteil, als Gefahrenmoment.

Burn-Out ist in der Regel kein plötzliches Ereignis, sondern stellt eine **Entwicklung in mehreren Stufen** dar. Je früher eingegriffen wird, umso eher kann Schlimmeres verhindert werden. Wenn also eine ehemals stark motivierte Mitarbeiterin auf einmal zynisch oder negativ wird in Aussagen über die Arbeit, Kolleginnen oder Klientinnen, wenn sie sichtlich wenig Freizeitaktivitäten unternimmt und Sozialkontakte sich stark auf Berufliches eingrenzen, wenn sie nicht mehr erholt aus dem Wochenende zurückkommt und zudem häufiger an Erkrankungen leidet, dann ist Handlungsbedarf für die Führung gegeben.

Eine zentrale Aufgabe ist die **Rückendeckung** gegenüber der Organisation wie auch schwierigen Klientinnen und persönliche Unterstützung der Mitarbeiterinnen durch die Führung. In der o.g. Untersuchung beklagt ein großer Anteil der Mitarbeiterinnen im Sozialbereich, dass diese nicht ausreichend gegeben sind.

Neben der Sicherung von Erholung bzw. der Abwehr von Überforderung ist ein weiterer wichtiger – oft vernachlässigter – Schritt die Würdigung von Erfolgen:

Stellen Sie Erfolge Ihrer Mitarbeiterinnen oder Ihres Bereiches regelmäßig deutlich sichtbar dar und finden Sie eine passende Form des **Feierns**!

5.2.3.5. Kontrolle und Sanktionen als Herausforderung

Die v.a. in basisnahen NPOs beobachtbare Abwehr von Regeln, Verbindlichkeiten und Autorität führt letztlich zu einem schwierigeren Umgang in Zusammenhang mit Kontrollen und Sanktionen.

Führungskräfte verfügen häufig über ein eingeschränkteres Maß an Kontrollmöglichkeiten und Sanktionen für die Nichteinhaltung von Regeln, als dies in Wirtschaftsorganisationen oder auch der öffentlichen Verwaltung der Fall ist. Und das macht Führung schwieriger. Aus unserer Erfahrung sind demzufolge zwei Aspekte zu berücksichtigen:

1. Machen Sie sich als Leiterin nichts vor! Betrachten Sie nüchtern und realistisch ihren Handlungsspielraum und orientieren Sie sich daran. Und formulieren Sie vor allem keine „**leeren Drohungen**", sprechen Sie nur von Sanktionen oder Konsequenzen, die Sie dann auch umsetzen können und wollen.
2. **Nutzen Sie Ihren Handlungsspielraum** und sei er noch so klein! Wir treffen immer wieder Führungskräfte, die das Fehlen von Sanktionsmöglichkeiten und Konsequenzen beklagen und sich hilf- und machtlos erleben. Nur eine detaillierte Auseinandersetzung mit der Situation zeigt dann meist, dass doch einige, wenn auch subtilere Möglichkeiten vorhanden sind (um nur einige zu nennen: Wer arbeitet an welchem Projekt mit? Wer erhält welche Ausrüstung oder Ausstattung? Wer erhält welchen Arbeitsplatz? Wer besucht welche Fortbildungen? Wer geht mit zu diversen Events? Wer wird in Publikationen erwähnt?).

5.2.4. Resümee: Die Balance von Fördern und Fordern

Die direkte Führung von Mitarbeiterinnen erfordert also vor allem die laufende Balance aus Fördern und Fordern. Über- und Unterforderung zeigen sich in der Regel an ähnlichen Symptomen, erfordern aber gegensätzliche Maßnahmen. Die Anforderung an jede Führungskraft besteht daher zum Ersten darin in einer sehr sensiblen Form beim Vorliegen von Demotivation zu diagnostizieren, ob es sich um Über- oder Unterforderung handelt, um dann in einem zweiten Schritt mit der Mitarbeiterin gemeinsam herauszuarbeiten, wodurch weniger oder mehr Spannung zu erreichen wäre.

5.3. Die Zusammenarbeit gestalten

Führung und Gestaltung einer Arbeitssituation bedeutet in den wenigsten Fällen, dass ein Mensch alleine eine Aufgabe erledigt. Die Kunst der Führung wird gefordert, wo das Zusammenspiel mehrerer Personen gebraucht wird. Führung bedeutet immer auch die kreative, bewusste und reflektierte Gestaltung von Relationen.

Jede Aufgabe konfrontiert jede Führungskraft mit 2 Ebenen der Entscheidung: Den Blick und die Entscheidung für die Form (Soll und kann diese Aufgabe von einem alleine erledigt werden? Wo ist welche Kooperation erforderlich und sinnvoll? Wo braucht es echte Teamarbeit? etc.) und dann, innerhalb der Form: Wie soll gearbeitet werden?

In Organisationen geht es immer um Entscheidungen – und gerade in NPOs ist der offene und verantwortungsvolle Umgang mit Entscheidungen besonders gefordert. So sollte jede Führungskraft einer NPO in diesem Feld der Führung sehr klar und bewusst kommunizieren: Wann wird von wem entschieden? Was ist noch gestaltbar und was bereits festgelegt?

Wir bemühen uns in unserer Beratungsarbeit regelmäßig darum, Führungskräfte zu mehr Klarheit und Transparenz zu verhelfen, was den jeweiligen Entscheidungsstil in einer Situation betrifft. Hier hat sich das **Delegationskontinuum**, ein Modell von T. *Johnstad*, bewährt, in dem sechs Entscheidungsstile unterschieden werden:

Führungskraft: „Ich habe entschieden…“	**Mitarbeiter:** „…und Sie sind eingeladen, mit mir zu diskutieren…“	**Stil**
alles	Sie sind nicht eingeladen, mit mir zu diskutieren	A
alles	darüber, welche Konsequenzen das für Sie hat	B
vorläufig alles	über meine Beweggründe, warum ich so entschieden habe	C
was geschehen soll	darüber, wer, was, wie, bis wann, wo etc. machen soll	D
dass etwas geschehen soll	darüber, was geschehen soll	E
nichts	darüber, ob etwas geschehen soll	F

Entwickelt von *Trygve Johnstad*, 1969

Wenn es einer Führungskraft gelingt zu Beginn eines Projekts, eines Vorhabens oder auch nur einer Sitzung ihre Position auf diesem Kontinuum klar zu benennen und zu begründen und dies von den Mitarbeitern auch verstanden wird, ist viel vermeidbarer Konfliktstoff ausgeräumt, der nicht aus unterschiedlichen Ansichten, sondern aus Unklarheit entsteht.

Wir wollen uns im Weiteren in diesem Kapitel auf eine besonders anspruchsvolle Form der Zusammenarbeit konzentrieren, der in NPOs große Bedeutung zukommt: Der **Teamarbeit**.

Aspekte der Teamarbeit sind wohl ein in mehreren Disziplinen gut beackertes Feld. Wir beobachten in unserer Praxis jedoch häufig, dass sehr rasch von Teamarbeit gesprochen wird, die Praxis dann aber eher eine Ansammlung von Personen zeigt, die im besten Fall nebeneinander an einer gemeinsamen Aufgabe arbeiten. Obzwar die Theorie keine durchgängige Definition von Teams bietet, wollen wir uns der gelegentlich zu findenden Unterscheidung von Team einerseits und Arbeitsgruppe andererseits anschließen.

Sehr hilfreich ist in vielen Fällen, als Führungskraft exakt zu klären, wo wirklich ein Team nötig ist und wo die Aufgabe eher eine Arbeitsgruppe erfordert. Diese Unterscheidung kann wie folgt definiert werden:

Arbeitsgruppe	Team
Führungskraft mit klar artikulierten Zielen	Geteilte Führungsrollen
Einzelverantwortung	Einzel- und gemeinsame Verantwortung
Individuelle Arbeitsprodukte	Kollektive Arbeitsprodukte
Hält effiziente Meetings ab	Ermutigt Diskussionen mit offenem Ende und Meetings zur aktiven Problemlösung
Bemisst ihre Effektivität indirekt an ihrem Einfluss auf andere (z.B. finanzielle Leistungen der Organisation)	Misst die Leistung direkt durch die Bewertung der kollektiven Arbeitsprodukte
Diskutiert, entscheidet und delegiert	Diskutiert, entscheidet und leistet gemeinsam echte Arbeit

Nach: *Katzenbach, Smith*: Team, 2003

Gut zusammen arbeitende Teams haben viele Vorteile: Sie sind in der Regel kreativer als Einzelpersonen oder Arbeitsgruppen, Entscheidungen und Vorhaben werden mit mehr Konsequenz und Akzeptanz umgesetzt, und auch die Motivation ist in eingespielten Teams höher. Es spricht also viel für Teamarbeit und doch ist trotz jahrzehntelanger Forschung über Teams und vieler konkreter Beispiele für deren außergewöhnliche Leistungsfähigkeit die praktische Relevanz von Teams in Organisationen zwiespältig geblieben.

Das liegt an folgenden Tendenzen, die erfolgreiche Teamarbeit erschweren:

- Der gesellschaftliche Prozess der Individualisierung und Vereinzelung auf Personenebene.

- Zwang zur persönlichen Profilierung – Erfolge werden dem Einzelnen zugeschrieben, Misserfolge dem Team.
- Hierarchisch-bürokratische Strukturen erleben Teams als störanfällige Fremdkörper („Gruppe und Hierarchie vertragen sich nicht").

Andererseits sind Gruppen oder Teams aus folgenden Gründen eher positiv besetzt:
- Menschen sind sinnliche Wesen und für direkte Kommunikation geschaffen.
- Menschen haben seit Urzeiten in Horden gelebt, um ihr Überleben zu garantieren. Bei Menschen, die in Familien oder familienähnlichen sozialen Formationen aufwachsen und dort ihre tiefen Urgefühle erleben, werden diese Empfindungen in Gruppen reaktiviert.
- Menschen sind durch die zweckrationalen, abstrakten Organisationen narzistisch gekränkt („Ich bin nur ein Rädchen"), in Gruppen werden sie aber wieder als Individuen wahrgenommen.
- Gefühle der Überforderung in Organisationen: Wir können höchstens zu 100 bis 150 Menschen komplexe soziale Beziehungen aufrechterhalten und mit ihnen direkt kommunizieren. In Teams baut sich leichter soziale Verantwortung fürs Ganze auf.

Gerade in NPOs sind die Erwartungen und die Hoffnungen, die in die Zusammenarbeit und in die Teamarbeit gesetzt werden, oft recht groß und es ist wichtig, dies als Führungskraft zu reflektieren und hier klare Antworten geben zu können.

Wir möchten aus der Vielzahl an Konzepten und Tipps für Teamarbeit hier fünf Aspekte oder Themen herausstreichen, die uns für Führungskräfte in NPOs besonders relevant erscheinen und dies etwas eingehender beschreiben:
1. Entwicklungselemente erfolgreicher Teams
2. Phasen der Teamentwicklung
3. Woran erfolgreiche Teams arbeiten sollten
4. Ebenen der Teamarbeit
5. Teamentscheidungen

5.3.1. Entwicklungselemente erfolgreicher Teams

Empirische Beobachtungen zeigen, dass erfolgreiche Teams häufig folgende **Entwicklungselemente** aufweisen:
- Eine interessante Gründungsgeschichte (in NPOs oft spannende Erzählungen des gemeinsamen oft abenteuerlichen Engagements)
- Eine Einladungsgeschichte (Wer ist warum dabei? Wer hat wen angesprochen?)
- Die Bewältigung gemeinsamer Herausforderungen
- Die Überwindung von Hindernissen, Problemen, „Feinden"
- Das Erleben gemeinsamer Erfolgsgeschichten (diesen Aspekt erleben wir häufig als Manko in NPOs, wenn Erfolge nicht so gerne gefeiert werden, aus Sorge um die Außenwirkung oder auch deshalb, weil noch so viel Unerledigtes gesehen wird)
- Das Erleben von Engagement und Spaß

- Das Wissen um unterschiedliche Fähigkeiten der einzelnen Mitglieder
- Das Erleben von starkem Vertrauen in die anderen
- Einen engen Zusammenhang von Leistung und Belohnung

Ich kann mir also als Führungskraft überlegen, welche dieser Elemente mein Team aufweist und welche ich organisieren oder stärken könnte.

5.3.2. Phasen der Teamentwicklung

Beschreibungen der typischen Phasen, die Teams in ihrer Geschichte durchlaufen, gibt es viele. Was sie alle vereint, ist die Annahme, dass Teams, um wirklich erfolgreich zu werden, häufig auch weniger produktive und auch emotional schwierige Phasen durchlaufen müssen. Dies liegt daran, dass zunächst – oft unbewusst und neben der „eigentlichen" Arbeit, **Prozesse der Gruppenbildung** stattfinden. Dabei wird unter der explizit thematisierten Oberfläche ausgehandelt, wer wirklich zum Team gehört, d.h. wer wie akzeptiert ist und sich wie stark zugehörig fühlt, welche Verhaltensnormen in der Gruppe bestehen, wer welchen Einfluss hat, welche Ziele wirklich verfolgt werden, welche Werte Gültigkeit haben, wie groß das Vertrauen zueinander ist und worauf dieses beruht, etc. Ein Prozessverlauf, der in der Praxis häufig zu beobachten ist, wird in der folgenden Darstellung beschrieben:

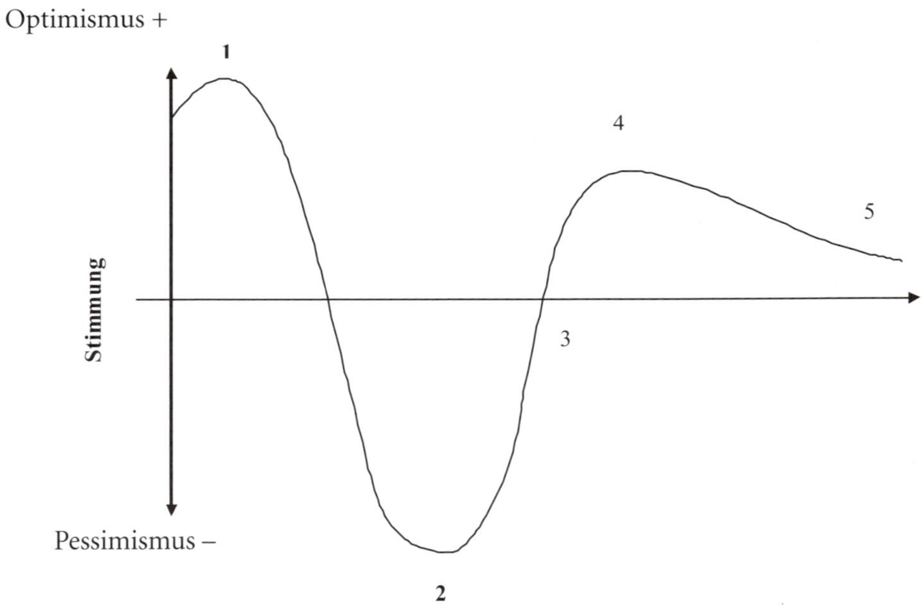

1... uniformierter Optimismus, Starteuphorie
2... informierter Pessimismus
3... hoffnungsvoller Realismus
4... informierter Optimismus
5... Umsetzung, Implementierung, Alltag

Team- oder Projektarbeiten verlaufen häufig in diesen Phasen, d.h. nach einem zuversichtlichen und energievollen Start ist oft ein Tief in Bezug auf **Motivation**, Optimismus und auch Leistung zu beobachten. Im günstigen Fall kehrt sich die Stimmung danach wieder um, hin zu realistischeren und optimistischeren Vorstellungen. Es ist wichtig, diesbezüglich gewappnet zu sein, das heißt, eventuelle Rückschläge nach einem vielversprechenden Start als normale und erwartbare Arbeitsschwierigkeit zu sehen. Im Folgenden wollen wir Empfehlungen für ein adäquates Intervenieren durch den Teamleiter geben:

Phase	Indikatoren Typische Anzeichen	Wichtigste Interventionen des Teamleiters
1 Uniformierter Optimismus	• Hochfliegende Erwartungshaltung • Hektische Betriebsamkeit • Sehr unterschiedliche Erwartungen • Vorschlagseuphorie • Pendeln zwischen winzigen Details und großen Überschriften	• Abgrenzen • Kernziele bewusst machen • Ideen nicht abwürgen, sondern dokumentieren • Unterschiedliche Sichtweisen sammeln • Vorsichtig einbremsen
2 Informierter Pessimismus	• „das geht nicht“ • Unpünktlichkeit, Unverbindlichkeit, Mitarbeiterfluktuation • Grundsatzdiskussionen und • Grabenkämpfe • Die Hierarchie fragt ständig nach und interveniert • Die Zeit läuft davon	• Kleine, überschaubare Teilziele setzen • Quick wins organisieren • Zeitplan im Auge behalten • Mentoren suchen und ins Team mitbringen • Entscheidungen festhalten • Erreichtes bewusst machen • Platz für Frust lassen
3 Hoffnungsvoller Realismus	• Erste Erfolge werden vermeldet • Konstruktive Zusammenarbeit • Erwartungen gleichen sich an • Sachliche Diskussion • Ruhige Atmosphäre	• Unterstützen • Planungen einfordern, aber nicht mehr so viel selbst machen • Druck wegnehmen • Loben • Dem Team Spielraum lassen
4 Informierter Optimismus	• Erstmals ist das Ziel in Sicht • Neue Mitarbeiter drängen ins Team (manche, die seit Phase 1 nicht mehr gesehen wurden) • Das Team verhindert die Aufnahme neuer Mitglieder	• Sich als Führungskraft nach außen wenden (um Außenkontakte und Marketing kümmern) • Nur noch Ergebnisse kontrollieren
5 Umsetzung, Implementierung	• Die Energie lässt nach • Das Team spricht über die Zeit nach dem Projekt, nach der Aufgabe • Routinen schleichen sich ein • Die Verbindlichkeit lässt nach	• Wieder mehr Augenmerk auf einzelne Arbeitsschritte lenken • Evtl. einen Abschluss planen und inszenieren • Die Zukunft der Teammitglieder klären

5.3.3. Woran erfolgreiche Teams arbeiten sollten

Auf den Punkt gebracht sollten Teams regelmäßig an folgenden Themen arbeiten:

- **Funktion:** Warum gibt es uns? – Was ist unser Sinn und unsere Vision als Team?
- **Grenzen:** Wer gehört dazu? Gerade Fragen der Mitgliedschaft sind in NPOs oft herausfordernd: Welche freiwilligen, ehrenamtlichen Mitarbeiter gehören zu meinem engeren Team, wer wird wo einbezogen?
- **Ziele:** Welche Aufgaben und Ziele hat unser Team, welche Art von regelmäßigem Controlling wollen wir einrichten?
- **Kooperation:** Wer im Team sollte zu welchen Themen mit wem zusammenarbeiten? Welche Relationen sind konstruktiv, welche schwierig?
- **Personen:** Ein gutes Team zeichnet sich in aller Regel durch komplementäre Fähigkeiten aus und findet Wege, auch regelmäßig darüber zu kommunizieren, welche Skills wann benötigt werden.
- **Spielregeln:** Erfolgreiche Teams kommen oft an einen Punkt, an dem sie mehr oder weniger explizit Regeln und Strukturen vereinbaren.
- **Außenbeziehungen:** Ein Paradoxon gut eingespielter Teams ist, dass sie häufig zu einer starken Innenorientierung neigen und damit auf Außenbeziehungen zu wenig Wert legen. Das Team sollte also regelmäßig prüfen, welche Umwelten für den Erfolg welche Bedeutung haben und wie mit diesen Relationen umzugehen ist (siehe auch Kapitel 5.6.).
- **Balance im Prozess:** Und zu guter Letzt gelingt erfolgreichen Teams oft eine Balance von Aktivitäten, die verändern und solchen, die aktiv bewahren.

5.3.4. Ebenen der Teamarbeit

Analytisch betrachtet, können wir drei verschiedene Ebenen der Kommunikation in der Teamarbeit unterscheiden: **Die sachliche, die emotionale und die strukturelle Ebene.**

Manchmal kommt es vor, dass Gesprächssituationen „verfahren" und zunehmend unbefriedigend sind. Wir ärgern uns und haben den Eindruck, inhaltlich nicht weiter zu kommen und uns in einem negativen Kreis zu drehen. Dann stimmt oft etwas auf der Beziehungs- oder Strukturebene nicht.

Die aktive Bearbeitung dieser 3 Ebenen gelingt, wenn die Führungskraft eines Teams dafür Sorge trägt, dass im Team folgende Funktionen übernommen werden:

Aufgabenorientierte Funktionen der Teamarbeit (sachliche Ebene)

1. Initiative und Aktivität = Lösungen vorschlagen, neue Ideen vorbringen, neue Definitionen eines gegebenen Problems versuchen ...
2. Informationssuche = Frage nach Informationen, Daten bzw. genauerer Klärung von Vorschlägen
3. Meinungserkundung = Abklärung von Werten, Vorschlägen oder Ideen
4. Informationen geben = Tatsachen oder Verbinden der eigenen Erfahrung mit dem Gruppenproblem, um daran bestimmte Punkte und Vorgänge zu erläutern

5. Meinung geben = Äußern einer Einschätzung oder Überzeugung zu einem Vorschlag
6. Ausarbeiten = Abklären, Beispiele geben oder Bedeutungen entwickeln, Versuche, sich vorzustellen, wie ein Vorschlag sich auswirkt, wenn er angenommen wird
7. Koordinieren = Aufzeigen der Beziehungen zwischen verschiedenen Ideen oder Vorschlägen. Versuch, Ideen oder Vorschläge zusammenzubringen. Versuch, die Aktivität verschiedener Untergruppen oder Mitglieder zu integrieren
8. Zusammenfassen = Zusammenziehen verwandter Ideen oder Vorschläge, Nachformulierung von bereits diskutierten Vorschlägen zur Klärung

Emotional wichtige beziehungsorientierte Funktionen

1. Ermutigung = Freundlichsein, Wärme, Antwortbereitschaft gegenüber anderen, andere und deren Ideen loben, Übereinstimmen und Annehmen von Beiträgen anderer
2. Grenzen wahren, integrieren, balancieren = Versuch, einem anderen Gruppenmitglied einen Beitrag dadurch zu ermöglichen, dass andere darauf aufmerksam gemacht werden, z.B. „Wir haben von X noch gar nichts zu diesem Thema gehört", oder „Y wollte etwas sagen, erhielt aber nicht die Gelegenheit"
3. Folge leisten, zuhören = Den Gruppenentscheidungen folgen, nachdenklich die Ideen anderer annehmen und anhören, als Resonanz und Auditorium während der Gruppendiskussion dienen
4. Ausdruck der Gruppengefühle = Zusammenfassung, welches Gefühl innerhalb der Gruppe zu spüren ist, Beschreibungen der Reaktionen der Gruppenmitglieder, Mitteilung von Beobachtungen und unbewussten Reaktionen von Gruppenmitgliedern geäußerten Ideen oder Lösungen gegenüber
5. Übereinstimmung prüfen = versuchsweise nach der Gruppenmeinung fragen, um herauszufinden, ob die Gruppe sich einer Übereinstimmung für eine Entscheidung nähert, Versuchsballons loslassen, um die Gruppenmeinung zu testen
6. Vermitteln = harmonisieren, verschiedene Standpunkte miteinander versöhnen, Kompromisslösungen vorschlagen
7. Spannung vermindern = negative Gefühle durch einen Scherz ableiten, beruhigen, eine gespannte Situation in einen größeren Zusammenhang stellen

Strukturorientierte Funktionen

1. Metakommunikation und -entscheidungen = wie arbeiten, entscheiden wir, organisieren wir uns, wer macht wie mit etc.
2. Regeln bilden = Formulierung von Regeln für die Gruppe, die für Inhalt, Verfahrensweisen oder Entscheidungsbewertungen gebraucht werden sollen, Erinnerung der Gruppenmitglieder, Entscheidungen zu vermeiden, die mit den Regeln kollidieren
3. Auswerten = Überprüfen der Gruppenentscheidungen im Vergleich der Bemühungen im Verhältnis zum Gruppenziel
4. Diagnostizieren = Bestimmen der Schwierigkeitsquellen und der situationsgerechten nächsten Schritte, Analysieren der Haupthindernisse, die sich dem weiteren Vorgehen entgegenstellen

5.3.5. Teamentscheidungen

Qualitativ befriedigende Gruppenleistungen werden häufig auch durch **dysfunktionale Gruppenprozesse** gefährdet. Das sind vor allem:

- Gruppendruck (Anpassung an die Mehrheit)
- Autoritätsdruck (die Meinung des Chefs wiegt schwerer)
- Kompetenzzuschreibung (akademische Titel erhöhen die Kraft der Argumente)
- Vielrednereinfluss (wer sich häufiger zu Wort meldet, wird mehr gehört)
- Sympathie-/Antipathieeffekte
- Risikophänomene (die Gruppe neigt zu riskanterem Verhalten als es der Durchschnitt ihrer Mitglieder würde)

Um diese Effekte in ihrer Bedeutung zurückzudrängen, können folgende **Regeln** beachtet werden:

- Die Führungskraft sollte ausdrücklich zur Kritik auffordern und diese immer wieder fördern und fordern.
- Die Führungskraft und andere wichtige Mitglieder sollten ihre Meinung nicht zu früh nennen, sondern zunächst andere sprechen lassen.
- Bei wichtigen Entscheidungen sollten zwei Gruppen unabhängig voneinander einen Entscheidungsvorschlag ausarbeiten. Beide Vorschläge sollten dann in die Gesamtgruppe eingebracht werden.
- Alle Mitarbeiter sollten dazu aufgefordert werden, Entscheidungsprobleme in ihren Abteilungen oder Bereichen mit Personen zu diskutieren, die nicht zur Entscheidungsgruppe gehören.
- Externe Mitglieder sollten dazu aufgefordert werden, ihre Auffassung unabhängig von der Gruppe zu entwickeln und darzulegen.
- Es sollte gelegentlich ein Advocatus diaboli bestimmt werden, der bewusst und kompromisslos die Gegenposition zur Gruppenmehrheitsmeinung vertritt, sobald sich Einigkeit in der Gruppe auszudrücken scheint.
- Hat sich die Gruppe geeinigt, so sollte das Ergebnis noch einmal bewusst gänzlich in Frage gestellt werden.

Diese fünf Aspekte der Teamarbeit decken unserer Erfahrung nach einen sehr großen Teil der üblichen Thematiken und Probleme in der Arbeit mit Teams in NPOs ab. Wir empfehlen diese Auflistung in schwierigen Situationen entweder als Führungskraft für sich selbst zu reflektieren um zu markieren, wo aktuelle Blockaden stecken, oder aber auch in einer offenen Teamdiskussion gemeinsam die akuten Themen zu benennen.

5.4. Die Organisation entwickeln – Was Führungskräfte steuern und entwickeln können

5.4.1. Einleitung[1]

Viele Führungskräfte denken gar nicht darüber nach, mit welcher Brille sie die Welt betrachten. Diese Entscheidung – auch wenn sie oft unbewusst getroffen wird – ist jedoch fundamental für das eigene Handeln.

Fragt man Managerinnen in der Wirtschaft, in welcher Rolle sie sich selbst in Bezug auf die Steuerung ihres Unternehmens sehen, bekommt man unterschiedlichste Antworten. Die einen sehen sich als Dirigentin eines Orchesters, die anderen als Kapitän eines großen Schiffs, als Leiterin einer Bergexpedition, als Gärtnerin oder als Konstrukteurin einer Maschine. Das **Unternehmen** wird **als „Maschine"** oder als „Summe seiner Mitarbeiterinnen" gesehen. In NPOs sind die Bilder hier vermutlich ein wenig anders – wohl mehr Gärtnerin und Dirigentin als Kapitän oder Konstrukteurin – aber die Grundhaltung einer prinzipiellen Steuerbarkeit ist, wenn vielleicht auch in abgeschwächter Form, eine sehr ähnliche.

Je nachdem, von welchem Paradigma man in dieser Frage ausgeht, kommt man zu unterschiedlichen Beschreibungen, wie eine Organisation gesteuert wird. Wir halten nicht das mechanistische Maschinenbild von Organisationen für hilfreich, sondern betrachten diese als **lebende Organismen**. Als hochkomplexe soziale Systeme, die nicht von einer Person oder Instanz allein – die traditionelle Vorstellung der Geschäftsführung, des Vorstandes oder Ähnlichem – gesteuert werden. Steuerung geschieht vielmehr durch das System selbst, ist an vielen Orten verankert und wird durch nicht „linear" beeinflussbare Faktoren wie den (Eigen-)Sinn des Systems, durch dessen innere Strukturen und Beziehungen zur Umwelt mitbestimmt. Als lebendiger Organismus ist jede Organisation nicht dazu da, Menschen oder einer Sache zu dienen (weder Klientinnen, noch Mitarbeiterinnen, noch der Umwelt etc.), sondern sie hat **nur ein einziges Ziel: zu (über)leben**.

5.4.2. Steuerung – keine Selbstverständlichkeit

5.4.2.1. Bilder von Organisationen

Im Leben von Organisationen ist schnelles Handeln und Entscheiden selbstverständlich und notwendig. Es geht darum, rasch auf Entwicklungen in der Organisation und ihrem Umfeld zu reagieren, um Chancen nutzen und Bedrohungen vermeiden zu können. Spendenmärkte sollen erschlossen und entwickelt werden, Klientinnen sind entsprechend ihrer Wünsche zu bedienen, Projekte sollten stetig weiterentwickelt werden, Mit-

[1] Diese Ideen und Überlegungen zu einem Modell der Steuerung von Organisationen entstanden in einem Innovationscenter der Beratergruppe Neuwaldegg in den Jahren 2004 bis 2007 zusammengesetzt aus: Hella *Exner*, Ruth *Schotkowsky*, Cornelia *Stolla*, Alexander *Exner*, Gerhard *Hochreiter*, Michael *Moeller* und Michael *Patak*.

arbeiterinnen wollen gefördert und geführt werden, neue Technologien sind zu prüfen und für das Leistungsportfolio nutzbar zu machen, Abläufe und Strukturen sind permanent auf Effizienz hin zu optimieren, usw. Mithin sind täglich tausende Entscheidungen in einer Organisation zu treffen – von Mitarbeiterinnen und von Führungskräften. Daher hat jede Organisation im Laufe ihres Lebens Steuerungsmechanismen für solche Entscheidungen entwickelt. Eine fundamentale Entscheidung, die jede Beobachterin jeder Organisation bewusst oder unbewusst trifft, ist die, mit welcher „Beobachtungsbrille" sie auf diese Organisation schaut, um z.B. deren Entscheidungsverhalten verstehen zu können (vergleiche Theoriesplitter 1).

THEORIESPLITTER 1

Wie Organisationsmetaphern das Steuerungsverständnis prägen

Grundannahmen bzgl. Organisation	Strategie für Beeinflussung der Organisation
Maschine	**Expertenwissen** „Den richtigen Hebel an der richtigen Stelle ansetzen", dann entsprechende Anweisungen geben.
(Summe von) Menschen	**Einbeziehen** „Organisation ändert sich, wenn Menschen beteiligt werden und sich ändern." --> Seminare durchführen und Menschen einbeziehen
Soziales System	**Steuerung --> Impulse zur Beeinflussung der Selbststeuerung** „Impulse setzen und Bedingungen schaffen, die es dem System erleichtern, sich anders zu verhalten als bisher." --> Hypothesengeleitete Interventionen auf Basis des Modells der Unternehmens(selbst)steuerung.

Im Folgenden werden wir von einer Beobachtungsbrille ausgehen, die Organisationen sieht als:

- Lebende Systeme (siehe Theoriesplitter 2) und
- Soziale Systeme (siehe Theoriesplitter 3) und
- Systeme mit eigener Identität (siehe Theoriesplitter 4)

5.4.2.2. Selbststeuerung von Organisationen

Die Steuerungsmechanismen, die innere Strukturen und damit auch Handlungsmuster sind, sind ein wichtiger Teil der **Identität einer Organisation**. Im Rahmen dieser Entscheidungsprämissen ist mehr oder weniger umfassend, detailliert und verbindlich festgelegt, auf welche Weise, anhand welcher Kriterien, von wem, wo und wann welche Entscheidungen zu treffen sind und welche Tools oder Methoden dabei zu nutzen sind. Manche davon sind formal und transparent, andere wirken vielleicht eher wie ungeschriebene Gesetze und sind gar nicht so leicht zu erkennen. So gesehen sind Organisationen hochkomplexe soziale Systeme, die nicht von einer Person oder Instanz gesteuert werden. Steuerung geschieht vielmehr durch das System selbst, ist an vielen Orten verankert und wird durch nicht „linear“ steuerbare Einflussfaktoren wie den (Eigen-)Sinn des Systems, durch dessen innere Strukturen und Beziehungen zur Umwelt mitbestimmt.

THEORIESPLITTER 2

Organisationen als lebende Systeme

- Stoffwechsel – das Wesen des Lebens: Stoffwechsel ist der ständige Fluss von Energie und Materie, durch den ein lebender Organismus sich ununterbrochen selbst hervorbringen, reparieren und fortpflanzen kann.
- Leben will leben! Lebende Systeme haben und brauchen Kreativität, um zu überleben.
- Lebende Systeme erneuern sich ständig innerhalb ihrer Möglichkeiten, indem sie ihre Komponenten umwandeln. Auf diese Weise erfahren sie ständige strukturelle Veränderungen, während sie ihre spezifischen Organisationsmuster erhalten.
- Ein lebendes System ist autonom. Es bewahrt sich die Freiheit zu entscheiden, was es bemerkt und wodurch es gestört wird. Menschen – also auch im speziellen Managerinnen – sind relevante Umwelten.
- Man kann ein lebendes System nie steuern – man kann es nur (ver-)stören.

Organisationen steuern sich selbst – durch Entscheidungen und Entscheidungsprämissen, die dafür sorgen, dass Entscheidungen erster Ordnung in einem für die Entwicklung und den Erfolg der Organisation förderlichen Sinne ausfallen. Entscheidungsregeln, Organisationsstrukturen, Strategien und Pläne, Prozessdefinitionen und Werte der Kultur sind Beispiele für solche Entscheidungsprämissen. Sie führen einerseits dazu, dass manche Informationen, Gedanken, Ideen und Aussagen von Führungskräften, Mitarbeiterinnen, Klientinnen oder anderen Stakeholdern anschlussfähiger und konsequenzenreicher sind als andere. All das, was aufgrund der Entscheidungsprämissen für die Organisation relevant ist, wird in und von der Organisation beachtet und löst weitere Kommunikationen und Folgeentscheidungen aus. Alles andere prallt – bildlich gesprochen – an der Außenhaut der Organisation ab.

5.4.2.3. Selbststeuerung und Führungskräfte

Selbststeuerung bedeutet somit gerade nicht – wie oft fälschlich verstanden – dass alles ganz von selbst läuft und Führungskräfte nicht eingreifen sollten, sondern, dass jede Aktion jeder Verantwortlichen in ihrer Wirkung davon abhängig ist, welche Selbststeuerungsmechanismen in gerade eben dieser Organisation wirken.

THEORIESPLITTER 3

Organisationen als Soziale Systeme

- Bestehen aus Kommunikationen und sonst nichts.
- Jede Kommunikation in der Organisation wird als Entscheidung gesehen.
- Der Mensch ist Träger von Kommunikationen und Handlungen, gehört aber nicht dem System an.
- Entscheidungen werden in diesem Zusammenhang als Kommunikationen, die unter Erwartungsdruck erfolgen, verstanden.
- Arten von Entscheidungen:
  - Entscheidungen 1. Ordnung: unmittelbar operative Entscheidungen
  - Entscheidungen 2. Ordnung: Entscheidungsprämissen (= Entscheidungen über Entscheidungen)
  - Entscheidungen 3. Ordnung: Entscheidungen über Entscheidungsprämissen

Organisationen „holen" sich Führungskräfte (und auch Mitarbeiterinnen), weil sie selbst kein Bewusstsein und keine Reflexionsfähigkeit haben. Die Anschlussfähigkeit der Führungskraft an die Organisation ist besonders wichtig, weil sie dadurch höhere Chancen hat, dass ihre Interventionen in der Organisation wahrgenommen werden. Wenn die Entscheidungen nicht anschlussfähig sind, werden sie von der Organisation ausgeblendet, sind gewissermaßen nur noch „Umweltrauschen" ohne Wirkung.

Abbildung 1: Die Gleichzeitigkeit der Steuerungsversuche von außen (Irritationen) und der Selbststeuerung der Organisation

Führungskräfte können daher nur beobachten, wie sich die Organisation verhält und versuchen, mittels **gezielter Interventionen** zu irritieren und das Selbststeuerungspotenzial der Organisation zu stärken. Ob diese Irritationen allerdings wahrgenommen werden und etwas verändern, entscheidet allein das System. Wir sprechen daher auch nicht von Steuerung einer Organisation, sondern von (Selbst)Steuerung.

5.4.3. Wo Führungskräfte Einfluss nehmen können – Ebenen der Steuerung

Wenn Führungskräfte sinn- und wirkungsvoll auf diesen Selbststeuerungsprozess Einfluss nehmen wollen, brauchen sie ein übergreifendes Modell, das die Steuerung einer Organisation als Ganzes und in ihrer grundlegenden Natur erfasst und das Orientierung schafft, wo und wie man die wirkungsvollsten Hebel für die Beeinflussung des Entscheidungsverhaltens einer Organisation findet.

5.4.3.1. Entscheidungen 1. Ordnung

In jeder Organisation sind im Arbeitsprozess laufend Entscheidungen für das konkrete Handeln zu treffen: Welche Projekte verfolgen wir im nächsten Monat? Wie viele Unterlagen fordern wir mit der nächsten Bestellung an? In welcher Reihenfolge sollen die von Klientinnen erwarteten Leistungen erbracht werden? Welche Anruferin rufen wir als erstes zurück? Wie gehen wir mit der Spenderin um, die sich gerade beschwert? Kann der vorliegende Artikel für das Magazin freigegeben werden? Welche der Bewerberinnen stellen wir ein? etc. Diese Entscheidungen erster Ordnung über unmittelbare Handlungen – von denen jedes Mitglied einer Organisation täglich Dutzende vornimmt – könnten so oder so getroffen werden. Durch ihre Entscheidungsprämissen verhindert die Organisation eine Beliebigkeit und steuert so ihr Handeln.

5.4.3.2. Entscheidungsprämissen

Entscheidungsprämissen sind **Entscheidungen über Entscheidungen**. Jede Organisation hat im Zuge ihrer Existenz ihre eigene Natur und damit auch eigene Entscheidungsprämissen ausgebildet. Wesentliche Elemente dieser Identität sind – teils explizit, teils implizit – die Zukunftsbilder (z.B. Vision und strategische Ziele), der grundlegende Sinn der Organisation, ihre inneren Strukturen und Handlungsmuster sowie die Beziehungen und die Organisationsgrenze in Bezug auf die relevanten Umwelten.

Wenn es um Steuerung einer Organisation auf ihrem Lebensweg geht, also darum, die Lebensfähigkeit des Ganzen zu erhalten und die Teile auf das Ganze hin zu koordinieren, gilt es, die Entscheidungsprämissen einer Organisation zu beeinflussen – sie zu verändern oder sie stabilisierend zu bewahren. Daher unterliegen auch sie im Zuge der Selbststeuerung immer wieder einer Überprüfung, ob sie noch angemessen, sinnvoll und ausreichend für das Überleben und den Erfolg einer Organisation sind. Strategische Planungsprozesse, alle Jahre wieder aufgelegte Qualitätsmanagement- und Innovationsinitiativen und in regelmäßigen Abständen durchgeführte Programme zur Prozessoptimierung und Reorganisation von Strukturen sind entsprechende Beispiele für Steuerungsimpulse, mit denen eine Organisation im Rahmen ihrer Selbststeuerung ihre eigenen Entscheidungsprämissen weiterentwickelt und verändert. Aber auch gewöhnliche Führungsentscheidungen können neue Entscheidungsprämissen aufstellen, bestehende verändern oder aufheben. Diese Ebene der (Selbst)Steuerung könnte man auch als **naturwüchsige Steuerung** bezeichnen, insofern, als sie den in der Identität der Organisation eingewobenen Routinen entspricht und folgt: routinemäßige Strategie- und Planungsprozesse, die zur Überprüfung und Anpassung von Entscheidungsprämissen führen, sowie Führungsentscheidungen entsprechend der als Entscheidungsprämissen in der Organisation verankerten Rollen. Im Rahmen dieser naturwüchsigen Steuerung (siehe Abbildung 3) beobachtet eine Organisation ihr Umfeld und Innenleben, reflektiert Situation und Ziel und entscheidet über entsprechende operative und/oder strategische Maßnahmen – mit all dem, was ihr dafür an Werkzeugen, Prozessen, Strukturen und Ressourcen zur Verfügung steht.

THEORIESPLITTER 4

Organisationsidentität

Jede Organisation hat eine eindeutige, von der Umwelt abgegrenzte, individuelle Identität.

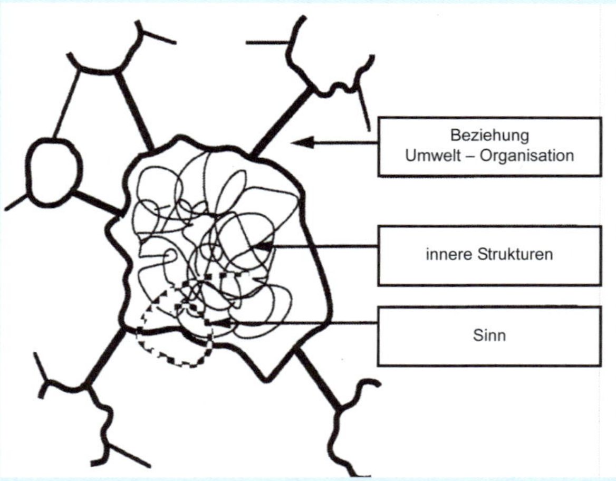

Diese lässt sich anhand von vier Elementen beschreiben:

1. Grenze: Welche Kommunikationen (Entscheidungen) werden der Organisation zugerechnet – und welche nicht?
2. Relation zu relevanten Umwelten: Was sind die aus Sicht der Organisation relevanten Umwelten und wie sind die Relationen zu diesen Umwelten ausgeprägt?
3. Innere Strukturen: Welche Muster, Normen, Werte, etc. hat das System?
4. Sinn: Welche Daseinsgrundlage hat die Organisation für sich entwickelt?

5.4.3.3. (Ver-)störende Steuerung (vS)

Aber reicht das schon aus, um für alle Wechselfälle des Organisationslebens gerüstet zu sein? Wir meinen, es gibt immer wieder auch Situationen, in denen die Muster der Routinesteuerung nicht ausreichen, um adäquat mit Irritationen aus dem Umfeld der Organisation umzugehen. Diese sind der Dreh- und Angelpunkt für die zweite Ebene der (Selbst)Steuerung einer Organisation, die wir im Folgenden **(ver-)störende S*teuerung*** – kurz vS – bezeichnen. Damit sind jene Steuerungsmuster einer Organisation gemeint, die im Wesentlichen folgende Funktionen erfüllen:

- Die vS beobachtet permanent, welche Irritationen (z.B. Veränderungen, Chancen, Bedrohungen) im Umfeld entstehen und schätzt ein, ob diese für die Lebensfähigkeit der Organisation von Bedeutung sind.
- Soweit es sich um bedeutsame Irritationen handelt, schätzt sie ein, ob sie im Rahmen der naturwüchsigen Steuerung sinn- und wirkungsvoll bearbeitet werden können. Ist dies der Fall, überlässt sie alles Weitere dieser Steuerung. Reichen die Mittel und Wege der naturwüchsigen Steuerung aber nicht aus, werden von der vS zusätzliche Steuerungsaktivitäten eingeleitet.
- Im Falle der Notwendigkeit zusätzlicher Steuerungsaktivitäten setzt die vS Impulse für den Aufbau einer angemessenen Spannung und Aktivierung der Organisation sowie darauf aufbauend für die Generierung neuer oder die Veränderung bewältigender Entscheidungsprämissen. Es geht dabei darum, einen Unterschied zur bisherigen Steuerung zu machen und so die Bearbeitung jener Irritationen zu ermöglichen, die sonst nicht wirksam bearbeitet würden. Letztendlich sorgt die vS damit für eine Veränderung der Identität und der Mechanismen der Steuerung der Organisation.

Diese vS-Muster gibt es in jeder Organisation. Sie prägen und verändern die Routinesteuerung einer Organisation. Sie agieren quasi im Hintergrund durch Beobachtung von Irritationen aus dem Umfeld, durch Reflexion, ob die derzeit gültigen Entscheidungsprämissen noch funktional sind, und gegebenenfalls durch Impulse für die Selbststeuerung. Aufgrund der Umweltbedingungen und der aktuellen Entscheidungsprämissen erzeugen sie ein Bild der zu erwartenden („naturwüchsigen“) weiteren Entwicklung – eine Prognose dessen, wie der Lauf der Dinge sein dürfte, wenn die Organisation weiterhin mit Entscheidungen reagiert, die aufgrund ihrer Routinesteuerung zu erwarten sind.

Der **Lebensweg einer Organisation** (s. Abb. 2) ist gekennzeichnet von zahlreichen Ereignissen, an denen die vS die naturwüchsige Steuerung unterbricht. Dies tut sie mit dem Ziel, neue Muster der Steuerung der Routine, neue Entscheidungsprämissen, zu implementieren. Das können Impulse sein, die versuchen, die Organisation auf den gewünschten Pfad zurückzubringen, oder auch solche, die ein neues Zukunftsbild einführen. Die beiden Steuerungsformen sind eng miteinander gekoppelt, es geht um ein permanentes Pendeln zwischen Verändern und Bewahren, wodurch die Identität geformt wird. Wenn diese Koppelung nicht funktioniert oder es zu sehr radikalen Veränderungen in der Umwelt kommt, kann es zu größeren **„Umbruchphasen“** kommen, in denen die vS ganz massiv interveniert. Beispiele dafür wären ein dramatischer Einbruch der Spendenmärkte, Kündigungen wesentlicher Führungskräfte, ein unerwartet gewählter völlig neuer Vorstand, massive Anschuldigungen in den Medien, Fusionen oder andere Zusammenlegungen etc.

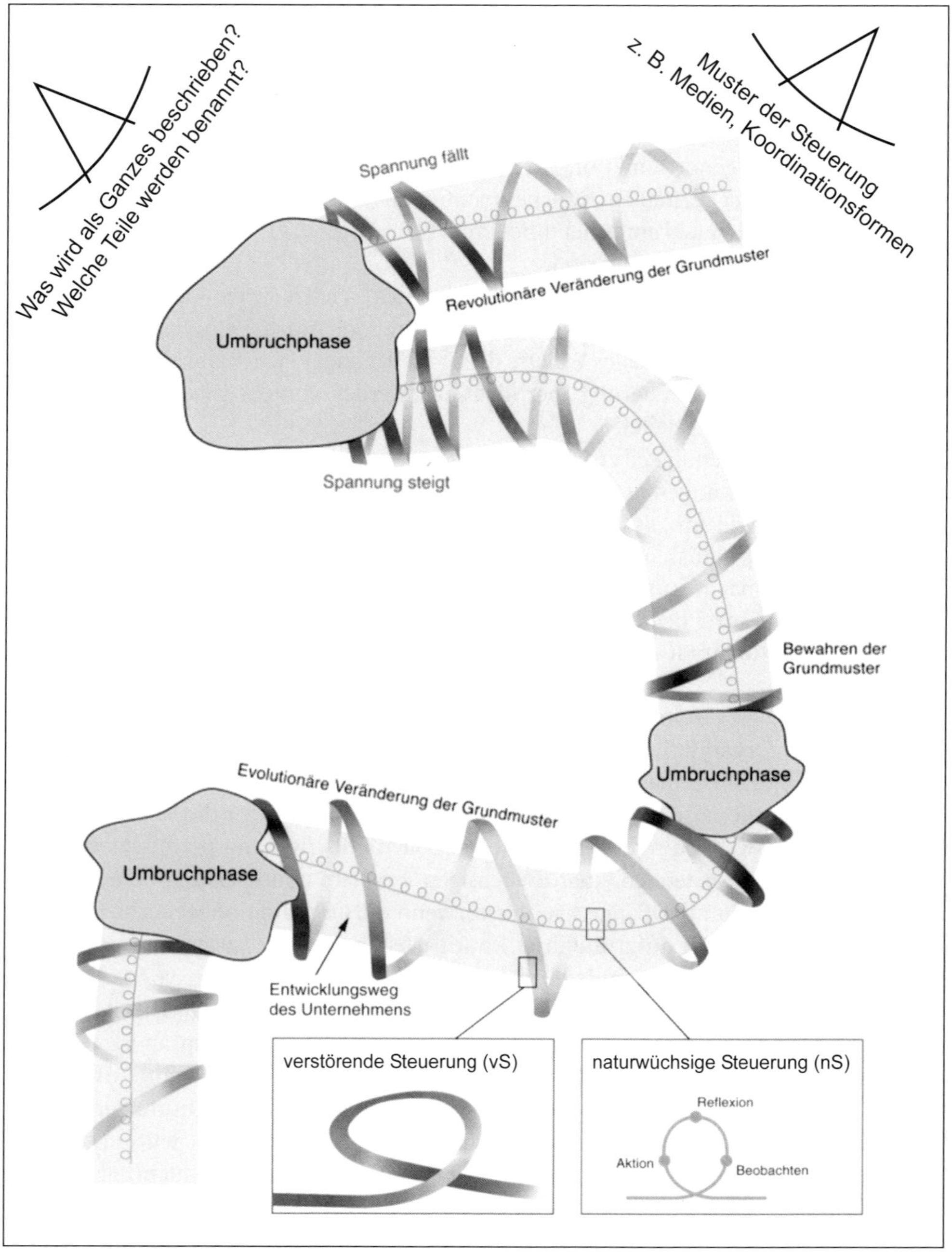

Abbildung 2: Der Lebensweg der Organisation

Die vS läuft permanent entlang des Lebenswegs von Organisationen mit. Sie ist niemals untätig, sondern ständig damit beschäftigt, zu beobachten und zu reflektieren, ob der naturwüchsige Lauf in die gewünschte Zukunft führen wird. Sie wirkt, indem sie Impulse setzt, um den naturwüchsigen Lauf zu verändern oder am gewünschten Kurs zu halten. Das kann sie nur tun, indem sie sich mit der naturwüchsigen Steuerung koppelt. Diese beiden Ebenen von Steuerung laufen permanent und gestalten sich von mikroskopischen Unterbrechungen der Routine bis hin zu großen Umbruchphasen.

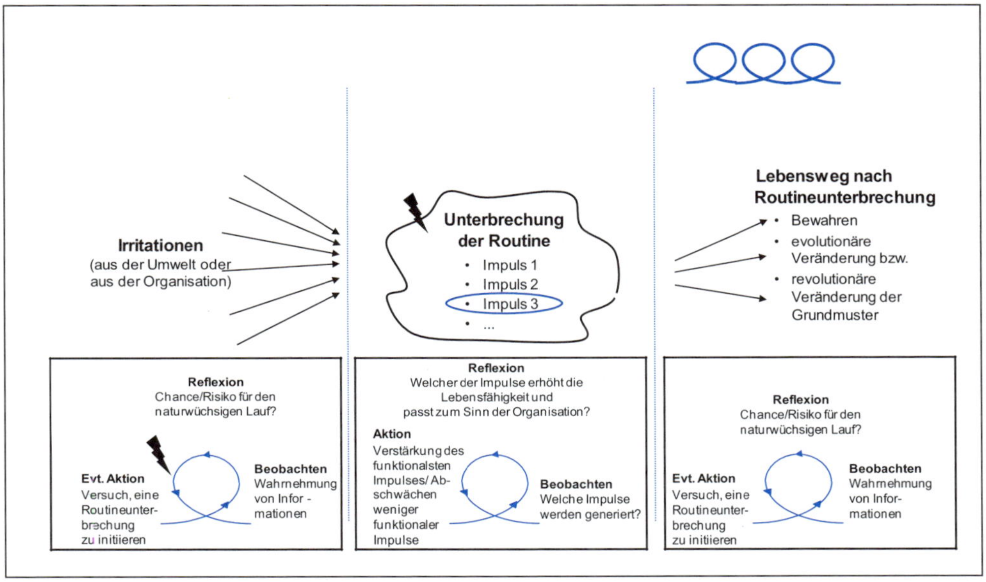

Abbildung 3: Unterbrechung der Routine

Irritationen: Die Organisation ist permanent Irritationen ausgesetzt, die entweder aus der Umwelt oder der Organisation selbst entspringen. Manche dieser Irritationen sind für die Organisation reines „Umweltrauschen", weil die Informationen nicht als relevant erachtet werden. Andere Irritationen werden beobachtet und reflektiert, aber als günstig bzw. nicht bedrohlich für die Zukunft eingestuft. Ist das nicht der Fall, initiiert die vS eine Unterbrechung der Routine.

Solche Irritationen sind beispielsweise die demografische Entwicklung der Bevölkerung, Verfügbarkeit einer neuen Technologie, Kapitalbedarf für starkes Wachstum, Pensionierung der Geschäftsführerin, ein wichtiges Projekt, Ausdifferenzierung der Erwartungen von wesentlichen Stakeholdern etc.

Unterbrechung der naturwüchsigen Steuerung: Während der Unterbrechung der Routine werden zahlreiche Impulse durch die Organisation generiert. Es gibt verschiedene Lösungsansätze und Alternativen, die in Frage kommen. Die vS übernimmt dabei die Aufgabe, zu beobachten, welche Impulse generiert werden und einzuschätzen, welcher Impuls am besten geeignet ist, um die Lebensfähigkeit der Organisation in Richtung des gewünschten Zukunftsszenarios zu stärken. Die Unterscheidung zwischen Irritationen und Impulsen ist dabei fließend und erst in der rückwirkenden Betrachtung von Routine-Unterbrechungen abgrenzbar.

Beispiele für solche Impulse sind die Etablierung eines neuen Fachbereichs, radikale Verbesserung von Leistungen, neue Finanzierungsmöglichkeiten durch neue EU-Programme, Veränderung der Rolle der internationalen Dachorganisation, Neubesetzung und Erweiterung der Geschäftsleitung, umfangreicher Changeprozess etc.

Lebensweg nach der Routineunterbrechung: Nachdem sich ein Impuls durchgesetzt hat, führt die Organisation ihren Lebensweg in einer „neuen Ordnung" fort. Die Unterbrechung der Routine hatte dann entweder die Funktion, zu bewahren, also den Lebensweg gleichmäßig weiterlaufen zu lassen, eine evolutionäre Veränderung oder gar eine revolutionäre Veränderung zu bewirken. Die vS geht dann weiterhin ihrer Aufgabe nach, Irritationen aus der Umwelt oder der Organisation selbst wahrzunehmen, zu reflektieren und zu entscheiden, ob sie aktiv werden muss oder nicht.

Beispiele für neue Muster bzw. neue Ordnung nach der Routine-Unterbrechung sind veränderter Fokus in Bezug auf Stakeholder, Transparenz als Wert für den Spendenmarkt, konsequentes Verfolgen einer Wachstumsstrategie, neue Organisationsstruktur und neue Leistungen oder Projekte, geschärftes Organisationsprofil etc.

5.4.4. Konsequenzen für Führungskräfte

Dieses Modell der Steuerung zeigt für Führungskräfte einige weitreichende Konsequenzen auf.

→ Zunächst einmal bedeutet das Verfolgen der (ver)störenden Steuerung (vS) eine Erweiterung des Führungsrepertoires (siehe Abb. 4). Es kommt etwas zur naturwüchsigen Steuerung hinzu, das zwar in jedem Fall schon im System drin steckt, das aber, um es bewusst zu nutzen, Aufmerksamkeit erfordert – gleichzeitig dafür aber auch neue Beeinflussungs-Optionen eröffnet.

Damit es Führungskräften überhaupt gelingen kann, die Selbststeuerung ihrer Organisation zu beeinflussen, müssen sie zunächst einmal eng an die Organisation angekoppelt sein. Dabei sollten sie versuchen, das Selbststeuerungspotenzial der Organisation zu fördern. Die Herausforderung liegt in der Balance zwischen Über- und Unterforderung des Systems. Wird das System zu sehr gestört, nimmt es zu wenig Steuerungsimpulse auf, verliert es die Ankopplung an relevante Umwelten und gefährdet damit seine Lebensfähigkeit.

→ Hilfreich und wesentlich dürfte es für Führungskräfte sein, sich im Zuge ihrer Steuerungsversuche auf folgende wesentliche Aktivitäten und Schritte zu konzentrieren:

1. Beobachtung von Irritationen in der Umwelt und Konzentration auf solche, die für die Erhaltung und Entwicklung der Lebensfähigkeit des Gesamtsystems von Bedeutung sein könnten.

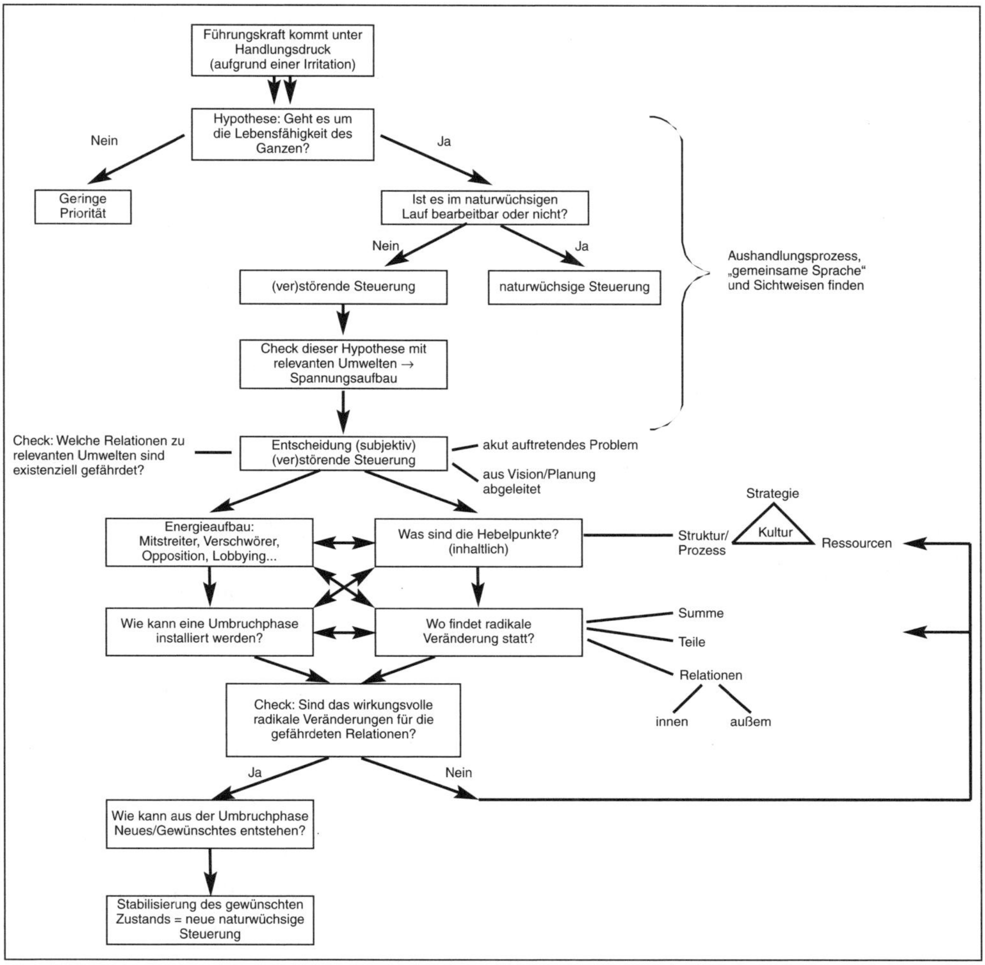

Abbildung 4: Der Entscheidungsprozess der Führungskraft

2. Einschätzung, ob die Irritationen im Zuge der naturwüchsigen Steuerung sinnvoll bearbeitet werden können. Falls ja, können sie alles weitere dem natürlichen Lauf der Dinge überlassen, d.h. „Steuerung as usual". Was immer noch sehr viel Arbeit für Führungskräfte bedeuten kann.
3. Falls die naturwüchsige Steuerung nicht ausreichen sollte, müssen Führungskräfte so intervenieren, dass einerseits die Routinesteuerung unterbrochen und andererseits in der Organisation eine entsprechende Spannung zur Veränderung und Weiterentwicklung von Entscheidungsprämissen und damit auch der Routinesteuerung aufgebaut wird (siehe Abb. 4)

5.5. Auswirkungen der Tätigkeit auf die Führungssituation

5.5.1. Einleitung

Erfolg folgt nach. Zuerst kommt die Hingabe an die Aufgabe.

In diesem Führungsfeld geht es um die Erfüllung des **Zwecks der Organisation** bzw. des eigenen Verantwortungsbereiches, d.h. im Fall von NPOs um die Erbringung einer spezifischen Dienstleistung. Voraussetzung dafür ist die Definition von Aufgaben und Zielen, die Kontrolle und Sicherung von Qualitätsstandards und auch das fachliche Verständnis der Führungskraft. Viele der damit angeschnittenen Führungsaufgaben sind Querschnittsthemen und daher in anderen Kapiteln behandelt, z.B. im Kapitel Strategie oder Mitarbeiterführung.

Im Alltag der meisten Führungskräfte macht die inhaltliche Tätigkeit einen hohen Anteil ihrer Aufgaben aus. Gerade (aber nicht nur) im NPO-Bereich wird die Führungsfunktion oft nicht als Arbeit definiert und deshalb werden viele Führungskräfte auch nicht ausreichend von inhaltlicher Tätigkeit freigespielt.

In allen Fällen, in denen eine Führungskraft mit einem Teil ihrer Kapazität auch selbst inhaltliche Tätigkeiten ausführt, ist dies schon **Vorbildhandeln** und als solches auch ein Teil der Führung. Mitarbeiter nehmen sehr genau wahr, wie der Bereichsleiter mit Klienten umgeht, welche Standards er in Bezug auf die Tätigkeit selbst einhält, wie schnell, genau, freundlich, zielstrebig etc. er dabei ist.

Da nun inhaltliche Tätigkeiten im NPO-Bereich extrem unterschiedlich gestaltet sein können und es auch wenig Sinn macht, fachliche Standards für beispielsweise Altenpflege, Umweltlobbying, Interessenvertretung oder Immigrantenarbeit im Einzelnen hier zu diskutieren, wollen wir uns in diesem Kapitel der generelleren Frage widmen, in welcher Form die **inhaltliche Tätigkeit** der Organisation **Auswirkungen auf die Führung** haben kann. Damit sind **Spiegel- oder Resonanzphänomene** angesprochen, also Übertragungen der Anforderungen und Eigenheiten des jeweiligen Produkts, der jeweiligen Klienten oder der jeweiligen Themen der Organisation auf deren Kultur.

Aufgrund des hohen Commitments in vielen NPOs sind diese Phänomene hier tendenziell stärker ausgeprägt als in anderen Organisationen. Eine von uns untersuchte Organisation zur Betreuung von Waisenkindern etwa zeigte auch im Verhältnis der Mitarbeiter untereinander und zu ihrer Führung teils kindlich-bedürftige Züge, teils sehr kontrollierende Umgangsformen, welche eher im Umgang mit schwierigen Kindern als mit mündigen Mitarbeitern angemessen schienen. Die Betreuer von Haftentlassenen nehmen bisweilen Haltungen oder eine Sprache an, welche eher bei ihrer Klientel zu vermuten ist und Sozialarbeiter, deren Job es ist, sich um das Wohlergehen von Schwächeren zu kümmern, geben sich häufig im Kontakt miteinander ebenfalls schnell bedürftig und brauchen viel Zeit, sich um das Wohlergehen im Team zu sorgen. Dies alles kann hinderlich sein, ist aber ebenso funktional, denn es sichert die **Anschlussfähigkeit an die Kunden**. Im Gegensatz zu vielen Wirtschaftsorganisationen haben diese NPOs dann weniger das Problem der Kundennähe, allerdings bisweilen eines der Kundendistanz.

Wir wollen im Folgenden die höchst vielfältigen Aufgabenfelder von NPOs sehr grob zusammenfassen, nämlich nach der Art der **gesellschaftlichen Einflussnahme** der Organisation.

NPOs werden häufig gegründet, um gesellschaftliche Veränderungen zu erzielen, um in irgendeiner Form Einfluss zu nehmen. Im Wesentlichen gibt es vier verschiedene Arten von Strategien, die dafür gewählt werden, nämlich Konfrontation, Kooperation, Schadensbegrenzung und ergänzende bzw. konkurrierende Leistungserbringung. Unsere Beratungstätigkeit hat gezeigt, dass diese Art der Strategie stark auf organisationsinterne Kulturmuster und damit auf die spezifischen Bedingungen für Führung zurückwirkt.[1] Die vier Typen von Einflussstrategien weisen also jeweils unterschiedliche Kulturmuster und Besonderheiten auf, die jeweils in Hinblick auf ihre Bedeutung für Führung diskutiert werden sollen.

5.5.2. Unterschiedliche Einflussstrategien von NPOs – Konfrontation, Kooperation, Schadensbegrenzung und parallele Leistungserbringung

Konfrontation

Konfrontation strebt Einflussnahme mittels **Kritik und Protest** an, Beispiele sind die Organisation von Konsumboykotts, Streiks, Protestkampagnen, Demonstrationen, die Veröffentlichung von Informationen über kritisierte Zustände oder über Verhalten, welches politischen Abkommen oder Richtlinien widerspricht. Amnesty International etwa konfrontiert Regierungen mit Berichten über Menschenrechtsverletzungen, welche deklarierten Zielen dieser Regierungen widersprechen, oder protestiert mittels Briefaktionen gegen die Inhaftierung politischer Gegner. Auch für Umweltschutzorganisationen ist die Einflussform des Protests typisch, z. B. im Rahmen des Boykottaufrufes von Greenpeace gegen die Produkte der Firma Shell im Rahmen der Brent-Spar-Affäre oder beim Versuch der Verhinderung von Atomtests durch illegales Befahren der betreffenden Meerregionen. Bei Gipfeltreffen gehören Proteste der so genannten Globalisierungskritiker mittlerweile zum Normalfall.

Hier wird also möglichst öffentlichkeitswirksam kritisiert und protestiert, häufig werden auch völlig neue Themen auf die Tagesordnung der Öffentlichkeit gebracht. Zentral ist dabei die Einflussnahme auf Kosten-Nutzen-Verhältnisse bestimmter Optionen. Um die Kosten der Konfrontation zu vermeiden, werden u. U. die Forderungen der NPO erfüllt.

Kooperation

Kooperation strebt die Zielerreichung durch ein **Zusammenspiel unterschiedlicher Organisationen** an. Die häufigste Form der Kooperation von NPOs und anderen Organisationen sind jene mit staatlichen Organisationen, z. B. im Rahmen der Ausarbeitung internationaler oder nationaler Abkommen, die Zusammenarbeit in Kommissionen, die Teil-

[1] Siehe dazu ausführlich *Simsa* 2001.

nahme von NPOs an Verhandlungen oder Kooperationen in den sozialen Diensten oder der Gesundheitspolitik.

Ein Beispiel ist die **Verbändewohlfahrt** in Deutschland. Die Inkorporierung zentraler Interessenvertretungsverbände diente hier der Unterstützung der staatlichen Regulierung zentraler gesellschaftlicher Interessenkonflikte. Generell werden v. a. im Bildungs- und Sozialbereich zahlreiche gesellschaftliche Aufgaben vom Staat an Verbände übertragen und finanziert. Ein weiteres Feld, in dem öffentliche Stellen in hohem Maß auf die Kooperation mit NPOs zurückgreifen, ist die **Strategieentwicklung**. V. a. in Zusammenhang mit komplexen oder neuartigen Problemstellungen sind Staaten in hohem Maß auf die fachspezifische Expertise von NPOs, auf deren Flexibilität und auf deren Kontakt mit relevanten Bezugsgruppen angewiesen. Ein Vergleich unterschiedlicher Strategien der Prävention der HIV-Infektion wie auch der Unterstützung von Erkrankten etwa zeigt deutlich, dass lokale, staatlich unterstützte NPOs bessere Chancen der Erreichung ihrer Zielgruppe haben als staatliche Organisationen. Ähnliches gilt für die Wiedereingliederung von Langzeitarbeitslosen oder auch die Umsetzung von Drogenpolitik. In der **Entwicklungspolitik** zeigt sich an der Zunahme finanzieller Verflechtungen auch eine Zunahme an Kooperation: NPOs können Gelder in Regionen und Projekte bringen, zu denen größere öffentliche Institutionen keinen Zugang haben. Beispiele für Kooperationen mit Wirtschaftsunternehmen sind die gemeinsame Entwicklung umweltfreundlicher Produkte oder die Veranstaltungsorganisation zugunsten sozialer Zwecke.

Während Kooperationsbeziehungen mit NPOs für ökonomische oder staatliche Organisationen oft die Funktion haben, ihnen Glaubwürdigkeit zu verleihen, können NPOs neben finanzieller Unterstützung v. a. auch strategische Vorteile aus der Kooperation mit staatlichen Instanzen ziehen.

Schadensbegrenzung

Schadensbegrenzung zielt im Wesentlichen auf die Milderung negativer Effekte der Handlungen von anderen Organisationen ab. Beispiele dafür sind **humanitäre Leistungen** im Rahmen sozialer Dienste, Hilfsorganisationen oder z. T. entwicklungspolitische Arbeit. Ein markantes Beispiel für den Reparaturgedanken ist die Gründungsidee des Roten Kreuzes, die sich darauf bezog „(...)Verwundeten der Schlachtfelder unterschiedslos Hilfe zu leisten (...)“ . Die Organisation Ärzte ohne Grenzen, um ein anderes Beispiel zu nennen, betreut und unterstützt u. a. von ihrem Besitz vertriebene Personen in Indonesien, Opfer von Epidemien oder auch Straßenkinder in verschiedenen Ländern der Dritten Welt und leistet eine Basisgesundheitsversorgung in Ländern, in denen keine staatliche Wohlfahrtssicherung gegeben ist. Auch eine Vielzahl an lokalen Initiativen der Betreuung von Obdachlosen, Langzeitarbeitslosen oder Immigranten ist in diesem Zusammenhang zu nennen.

Da wenig Einflussnahme auf Verursachungszusammenhänge und die Funktionsweise anderer Organisationen angestrebt wird, ist wenig Kontakt mit Verantwortlichen oder Verursachern notwendig, wohl aber ein Mindestmaß an Akzeptanz zur Sicherstellung finanzieller Unterstützung. Eine Voraussetzung von Reparatur- und Hilfsleistungen ist damit auf Seiten der NPOs eine möglichst geringe „Störung“ anderer Organisationen. Sichtweisen und Ziele der NPOs sind meist sehr divergent von jenen der verursachenden Organisationen, diese Unterschiede werden aber nur wenig im direkten Kontakt ausgetragen.

Konkurrierende oder zusätzliche Leistungserbringung

Im Rahmen konkurrierender oder zusätzlicher Leistungserbringung bieten NPOs Leistungen an, die auch von wirtschaftlichen oder staatlichen Organisationen erbracht werden. Beispiele dafür sind Angebote in den Bereichen Kultur, soziale Arbeit, Ausbildung oder Kinderbetreuung. So finden sich sowohl staatliche und private gewinnorientierte als auch von NPOs geführte Altersheime, Kindergärten oder Schulen. Staatliche Universitäten sehen sich nun auch in Europa einer Zunahme **privater Konkurrenz** gegenüber, und auch im Rahmen sozialer Dienste, welche lange Zeit v. a. von staatlichen und nichtgewinnorientierten Organisationen angeboten wurden, werden zunehmend mehr Wirtschaftsunternehmen tätig.

Das Angebot durch NPOs kann hier parallel stattfinden, d. h. NPOs und andere Organisationen sind schlicht in den gleichen Bereichen tätig, es kann aber auch subsidiär sein, d. h. die NPOs werden nur bei mangelnder Leistungserbringung anderer Organisationen tätig. Die Gründung privater, nichtgewinnorientierter Kindergruppen z. B. beruht häufig auf Kritik an der pädagogischen Orientierung oder den Öffnungszeiten bestehender Angebote. Oft beruht die „Konkurrenz“ aber auch auf einer gegenläufigen Entwicklung, d. h. andere Organisationen treten in Leistungsbereiche ein, die ursprünglich nur von NPOs abgedeckt wurden. Ein Beispiel dafür ist die Zunahme kommerzieller Fitnesscenter, die in Konkurrenz zu nichtgewinnorientierten Sportvereinen treten.

Auffallend ist hier eine Tendenz der **Angleichung** von NPOs an Wirtschafts- oder Verwaltungsorganisationen. Andererseits gibt es oft auch substantielle Unterschiede in der inhaltlichen Leistungserbringung verschiedener Organisationstypen in ähnlichen Leistungsbereichen, die Leistungen sind somit nicht in jeder Hinsicht vergleichbar.

5.5.3. Rückwirkungen unterschiedlicher Strategien auf die Organisation und die Führung

Konfrontative Strategien

Konfrontation benötigt hohe Überzeugung von eigenen Ideologien und Zielen und damit auch die Fähigkeit der Abgrenzung von Konfliktgegnern. Im Falle überwiegend konfrontativer Strategien sind somit Widersprüche gegenüber der Umwelt in hohem Maß gegeben, die in NPOs oft beobachtete interne Widersprüchlichkeit ist dagegen weniger ausgeprägt.

Abgrenzung und Konfrontation als zentrale Momente der Selbstdefinition der Organisation übertragen sich häufig auch auf innerorganisationale Verhältnisse. So gibt es wenige Tendenzen zur Harmonisierung und Vermeidung notwendiger Konflikte. Demgegenüber wirken Strategien, die gegenüber anderen Organisationen entwickelt und praktiziert werden, oft stark auch auf die eigene Organisation zurück und äußern sich als Tendenz einer oft zu hohen Konfliktneigung, sowie als Abgrenzung von und Kampf gegen interne Normen und Strukturen. Die Kernkompetenzen im Kampf gegen andere werden somit auch gegenüber der eigenen Organisation angewandt.

Die Strategie der Konfrontation kann weiters hohe **Attraktivität** für potentielle Spender und Mitarbeiter haben. Spektakuläre Maßnahmen wie das Anketten von Aktivisten an Fabrikgebäuden, die Fahrt mit Schiffen in Gewässer, in denen Atomtests stattfinden sollen oder tagelange Demonstrationen gegen die Politik der WTO wecken Assoziationen eines Sich-aktiv-Wehrens, eines „David gegen Goliath" und haben damit hohen identifikatorischen Wert (bisweilen auch: Erlebniswert) insbesondere für jüngere Personen.

Bedeutungen für die Führung

Das Problem der Motivation wie auch des Burn-Outs ist aufgrund der dynamischen, oft aktionistischen Operationsformen tendenziell weniger gegeben, dafür aber die Herausforderung der Sicherung von Karrierewegen bzw. individuellen Entwicklungsmöglichkeiten. Protest und Konfrontation sprechen oft junge Personen an, um zu hoher Fluktuation vorzubeugen, muss die Organisation aber auch Möglichkeiten des Älterwerdens zur Verfügung stellen und absichern.

Die zentrale Herausforderung ist hier die Neigung zu **konfliktförmigen Kommunikationen** und die damit einhergehende Tendenz der Abwehr formaler Strukturen. Die Handhabung von Konflikten, insbesondere Kenntnisse im Umgang mit bzw. in der Vermeidung der Eskalation von Konflikten sind in primär konfrontativ orientierten NPOs besonders wichtig.

Wesentlich ist auch die Sicherung einer angemessenen Balance zwischen einer klaren Festlegung formaler Strukturen einerseits und der Ermöglichung von Freiräumen andererseits.

Weiters muss gewährleistet werden, dass nicht nur konfrontativ orientierte Tätigkeiten gewürdigt werden, sondern dass auch die Bedeutung der „**Hintergrundarbeit**", wie z. B. Tätigkeiten in der Führung, der Verwaltung oder der Logistik gewürdigt werden. Aktivisten stehen zwar im öffentlichen Rampenlicht, sie benötigen aber ein hohes Maß an Zuarbeit, welche in konfrontativ orientierten Organisationen leicht vernachlässigt werden kann. Voraussetzung dafür sind Diskussions- und Entscheidungsprozesse hinsichtlich der meist tabuisierten Themen Leistung und Leistungserbringung (was gilt als Leistung, nach welchen Kriterien wird sie bewertet, und wer erbringt welche Leistungen).

Ein weiterer Fokus ist die Sicherung der Anschlussfähigkeit an andere Organisationen, d.h. die Vermeidung einer ideologischen Abschottung der NPO.

Kooperative Strategien

Die zentrale strategische Frage ist hier weniger die Sicherung ausreichender Anschlussfähigkeit, vielmehr ist die Sicherstellung **notwendiger Abgrenzung** prekär: Die Herausforderung liegt in der Bewahrung einer ausreichenden Distanz bzw. einer Mehrfachrepräsentanz unterschiedlicher Logiken. Man muss den Partner ausreichend kennen, ohne ihm zu ähnlich zu werden.

Die **notwendige Anschlussfähigkeit** an verschiedene Umwelten kann zu besonders ausgeprägten **internen Widersprüchen** führen. Während Kooperationspartner beispielsweise Kompromissbereitschaft erwarten, verlangen Spender, ehrenamtliche Mitarbeiter und die Öffentlichkeit kompromissloses, durchsetzungsfähiges Verhalten. Konfliktäre Erwartungen unterschiedlicher Anspruchsgruppen können organisationsintern auf mehrere Arten ausgetragen werden. Ein üblicher Weg ist die Identifikation einzelner organisationaler Subeinheiten mit spezifischen Anspruchsgruppen, ein weiterer ist die „Flucht" in Ambiguität und Latenz. Um keinen der relevanten Stakeholder vor den Kopf zu stoßen, wird nur ein Minimum an Zielen und Aktivitäten expliziert, was zur Diffusität von Strukturen führen kann. Eine weitere Form stellt die latente, aber oft dysfunktionale Priorisierung einer Anspruchsgruppe dar, die z. T. zu einem Verlust der Kapazität der Anschluss- und Vermittlungsfähigkeit gegenüber zentralen Umwelten führt.

Während in manchen Konstellationen unverhältnismäßig hoher Einfluss ausgeübt werden kann, schränken oft ungleiche Machtverhältnisse und Abhängigkeit die Handlungsspielräume und Erfolge der NPO ein, was negative Rückwirkungen auf die Organisationskultur sowie das Engagement von Mitarbeitern und Spendern haben kann.

Bedeutungen für die Führung

Aufgrund der oft beobachtbaren Angleichungstendenzen an Kooperationspartner können **Identitätsprobleme** der Organisation eine Folge von intensiver Kooperation sein. Unterschiede zu Kooperationspartnern gehen verloren, Aktivisten beklagen den Verlust des „alten Geistes", und die Frage der „Besonderheit" der Organisation stellt sich. Der Wahrscheinlichkeit von hohen internen Widersprüchen und Identitätsproblemen kann im Rahmen von Weiterbildungen und organisationalen Entwicklungsprozessen Rechnung getragen werden, besonders hohe Bedeutung gewinnen hier Widerspruchsmanagement, die Arbeit am Selbstverständnis der Organisation und an identitätsbildenden Maßnahmen, etwa im Rahmen von Prozessen der Leitbildentwicklung, der Erfolgsmessung oder der Zielformulierung.

Zentrale Anforderungen an **persönliche Kompetenzen** der Mitarbeiter wie auch Führungskräfte sind weiters Verhandlungsführung, Flexibilität und Anschlussfähigkeit an unterschiedliche Umwelten, d. h. die Offenheit für unterschiedliche Organisationskulturen und Kommunikationsmuster.

Die Notwendigkeit der Sicherung einer eigenen Identität bei gleichzeitiger Anschlussfähigkeit an Kooperationspartner muss auch in der Personalauswahl berücksichtigt werden. Eine in diesem Zusammenhang zu klärende Frage ist, ob eher eine interne Homogenität oder eine Heterogenität der **Personalstruktur** gefördert werden soll. Es kann sinnvoll sein, unterschiedliche externe Anforderungen durch eine „Aufteilung" von Kontakten und Kulturmustern zwischen verschiedenen Abteilungen und deren Mitarbeitern zu handhaben, d. h. widersprüchliche Anforderungen durch eine Heterogenität der Personalstruktur abzubilden. Wenn bereits Tendenzen einer dysfunktionalen Ähnlichkeit zu wichtigen Kooperationspartnern beobachtbar sind, dann sollte z. B. bei der Besetzung von zentralen Positionen darauf geachtet werden, auch eher „kulturfremde" Personen zu rekrutieren.

Im Zuge langfristiger Kooperationsbeziehungen v. a. mit staatlichen Organisationen können – insbesondere bei Abhängigkeitsstrukturen, die die Handlungsspielräume der NPO stark einschränken – Motivation, Initiative und Innovationsbereitschaft sinken sowie Tendenzen der **Verbürokratisierung** um sich greifen, was im Zuge von Organisationsentwicklung, der Gestaltung von Anreizsystemen und der Personalauswahl und -weiterbildung zu bearbeiten ist.

Schadensbegrenzende Strategien

An Schadensbegrenzung orientierte NPOs vertreten zwar tendenziell unterschiedliche Werte als jene Organisationen, die als Verantwortliche oder Verursacher gesehen werden, da sie primär an Reparatur und Hilfe orientiert sind, werden diese Unterschiede allerdings nicht in Kontakt mit diesen Organisationen ausgetragen. Interne Widersprüche wie auch die Notwendigkeit der Sicherung an Anschlussfähigkeit bzw. Abgrenzung sind hier daher vergleichsweise gering ausgeprägt.

Die Orientierung an Reparaturleistungen und Schadensbegrenzung bedingt allerdings eine hohe Konfrontation der Mitarbeiter mit Problemen und Leid, ohne die Entlastung konfrontativer Aktivitäten. Gekoppelt mit der meist gegebenen Unerreichbarkeit von Zielen kann dies im Innenverhältnis depressive Modalitäten auslösen. Mitarbeiter beschreiben ihre Tätigkeit oft als sehr belastend, als „Sisyphusarbeit", und Burn-out-Effekte treten besonders häufig auf. In den meisten Organisationen gibt es spezifische **Entlastungsmöglichkeiten**, man kann Organisationsziele fallweise zumindest hypothetisch in Frage stellen, sich über Kunden oder eigene Produkte lustig machen etc. In Organisationen, die menschliches Leid vermindern wollen und täglich mit schwierigen Lebenslagen, Krankheit, Armut, ungerechter Inhaftierung etc. zu tun haben, gibt es diese Möglichkeit der Aggressions- und Spannungsabfuhr kaum. Verbunden mit meist weniger spektakulären Operationen führen die damit implizierten Belastungen dazu, dass die Attraktivität schadensbegrenzender Strategien für ehrenamtliche Mitarbeiter gegenüber konfrontativen NPOs insbesondere bei jüngeren Personen eher gering ist.

Außenorientierte Modalitäten des Guten, Helfenden und Sorgenden werden zudem in oft hinderlicher Weise auf organisationsinterne Verhältnisse übertragen. Dies führt zu hohen und dysfunktionalen **Tendenzen der Konfliktvermeidung**. Die daraus resultierende aggressionsunterdrückende Kultur kann hohe Latenzen von Konflikten bedingen und führt – als strukturelle und operative Schwäche – oft zu Selbstbehinderungen der Organisation.

Bedeutungen für die Führung

Insgesamt sind hier besonders hohe emotionale Anforderungen an Mitarbeiter organisationsintern zu bewältigen. Aufgrund der damit einhergehenden Gefahr depressiver organisationaler Kulturmuster gewinnen die **Motivation** von Mitarbeitern, bzw. die Verhinderung von Motivationsverlusten sowie die **Vorbeugung gegen Burn-out** besondere Bedeutung.

Besonderes Augenmerk gebührt in diesem Zusammenhang der Sicherung von Entlastungsmöglichkeiten, des Feierns und der **Honorierung von Erfolgen** und des Angebotes adäquater **Anreize**, wie z. B. attraktiver Weiterbildungsangebote. Besondere mit der Tätigkeit einhergehende Belastungen müssen organisationsintern abgefedert werden. Ein Schritt dazu ist die Entwicklung einer Kultur der **Sensibilität für** und Akzeptanz von **Belastungen**. Selbst, wenn es anderen noch schlechter geht, ist die häufige Haltung des Erduldens und Sich-Aufopferns langfristig dysfunktional. Da die Feststellung von Erfolgen in schadensbegrenzenden Organisationen z. T. besonders schwierig ist (auf jede Person, der geholfen wird, kommen in der Regel viele weitere, für die nichts getan werden kann) hat auch die Entwicklung angemessener Kriterien der Leistungsmessung hohe Bedeutung. Weiters kann es notwendig sein, dysfunktionalen Tendenzen der Konfliktvermeidung gegenzusteuern.

Strategien konkurrierender oder zusätzlicher Leistungserbringung

Bei diesen Strategien werden Leistungen erbracht, die auch von anderen Organisationstypen übernommen werden, die Beziehung zu diesen entspricht üblichen Konkurrenzverhältnissen.

Dennoch müssen NPOs neben der Logik des jeweiligen Marktsegmentes auch spezifischen Bedingungen Rechnung tragen. Sie beschäftigen in der Regel ehrenamtliche Mitarbeiter und sind aufgrund ihrer Rechtsform und ihrer Mission neben wirtschaftlichen auch ideellen Zielen verpflichtet. Oft wird die Organisationskultur wie auch die Motivation der Mitarbeiter wesentlich von der konfessionellen, weltanschaulichen oder karitativen Orientierung der NPO geprägt, Mitarbeiter zeigen z. B. höheres Engagement oder akzeptieren niedrigere Gehälter als in gewinnorientierten Organisationen. Tendenzen einer zunehmenden **Kommerzialisierung** des NPO-Sektors sowie der wachsenden Konkurrenz von Wirtschafts- und Nonprofit-Organisationen sind in diesem Zusammenhang für viele NPOs prekär: Entweder erhöhen sich organisationale Widersprüche oder die wertorientierte Identität wird zugunsten der kommerziellen Identität aufgegeben.

Zum einen können damit Widersprüche und Spannungsfelder ebenso stark ausgeprägt sein wie in kooperativ orientierten NPOs, zum anderen können auch Tendenzen der Annäherung an Strukturen und Logiken von Wirtschafts- oder Verwaltungsorganisationen zur Herausforderung für das Management werden. Letztere sind dann problematisch, wenn sie zu Konflikten oder zu **Motivationsverlusten** der haupt- oder ehrenamtlichen Mitarbeiter führen, d. h. wenn für diese nicht mehr nachvollziehbar ist, warum sie die in NPOs typischerweise höheren Widersprüche und schlechteren Arbeitsbedingungen überhaupt noch akzeptieren sollten.

Spezifische Belastungen können auch aufgrund der ungleichen Konkurrenzbedingungen entstehen. Die für NPOs typische hohe ideologische Orientierung fördert Motivation und Engagement wie auch Kohäsion und kann auch in Bezug auf das Vertrauen von Kunden oder Spendern einen Konkurrenzvorteil von NPOs darstellen. Gleichzeitig kann die mit der Mission einhergehende Wertorientierung aber auch insofern nachteilige Wirkungen auf die Konkurrenzfähigkeit der NPOs haben, als hier häufig unterschiedliche Ziele gleichzeitig verfolgt werden, welche die messbare ökonomische Effizienz einschränken. Mit der Organisation von Rettungsfahrten beispielsweise konkurriert das Rote Kreuz zwar mit Wirtschaftsunternehmen, es übernimmt im Gegensatz zu diesen allerdings auch unrentable Fahrten und verfolgt zudem politische Ziele. Eine häufige Folge dieser **Mehrdimensionalität von Zielen** sind höhere Kosten und die Tendenz zur Selbstüberforderung der Organisation.

Bedeutungen für die Führung

Um einer Abwanderung von Mitarbeitern entgegenzutreten, erfordert die teilweise härter werdende Konkurrenz eine Beobachtung von und Anpassung an Qualifikationsstandards und Arbeitsbedingungen in anderen Organisationstypen der gleichen Branche. Sowohl in der Rekrutierung von Personal als auch in Weiterbildungsmaßnahmen und Entlohnungssystemen muss **branchenüblichen Standards** Rechnung getragen werden. Auch in Bezug auf die Attraktivität der Organisation für ehrenamtliche Mitarbeiter kann eine bewusste Qualifizierungspolitik sinnvoll sein, welche Weiterbildungsmöglichkeiten gezielt als Attraktor einsetzt und damit sowohl die Bindung alter als auch das Engagement neuer ehrenamtlicher Kräfte fördern kann. Gleichzeitig wird die Arbeit an der **Identität** und den Zielen der NPO besonders wichtig, z. B. im Zuge von Weiterbildungsmaßnahmen oder Teamsupervisionen, wie auch der Moderation von Workshops zur Zielformulierung, Konfliktbearbeitung oder Organisationskultur.

Um unter Konkurrenzbedingungen existieren zu können, ist eine hohe Professionalität und Effizienz erforderlich. Dabei stehen die Entlastungen, die eine primäre Marktorientierung in Wirtschaftsunternehmen bietet, hier nur begrenzt zur Verfügung. In der Entwicklung von Kriterien der Erfolgsmessung und Entlohnung wie auch im Zuge der Anwendung von Instrumenten wie dem Mitarbeitergespräch ist daher darauf zu achten, den häufig vorkommenden Tendenzen der Selbstüberforderung entgegenzutreten. Wesentlich sind dafür v. a. die klare, explizite Formulierung von Leistungskriterien und Anforderungen, regelmäßige Rückmeldungen im Rahmen von Beurteilungsgesprächen und die Sicherung angemessener materieller oder immaterieller Entlohnung.

5.6. Den strategischen Rahmen für die Führungstätigkeit setzen

5.6.1. Strategiearbeit – Die Weichenstellung für Führung und Organisation – oder auch: weichenstellende Führung

In diesem Aufgabenfeld steht die grundlegende Orientierung der Organisation bzw. jene der eigenen Abteilung, des eigenen Bereiches im Vordergrund – die strategische, längerfristige Ausrichtung, wohin und wie zu schwimmen ist, um nicht im Meer der Möglichkeiten zu ertrinken.

Strategie spricht das grundlegende **Aufgabenfeld**, die **Besonderheit** der Aufgabenerfüllung und die Entwicklungsrichtung an. Der Blick, das Denken und Fühlen sind dabei nach vorne gerichtet: Wo wollen wir in einem oder in zwei bis drei Jahren sein? Welches Übel wollen wir aus der Welt geschafft haben – was wollen wir in einem Jahr kreiert haben? Welche gesellschaftliche Aufgabe macht sich die Organisation zum Thema? Wofür oder wogegen tritt sie ein? Was ist unsere Vision und wie definieren wir unsere Mission? Welche Produkte oder Leistungen werden für wen angeboten? Wie soll dies zu Wege gebracht werden und was macht das Besondere der Organisation aus? Welche Ziele sollen aber auch bewusst nicht angestrebt werden, welche Leistungen nicht angeboten, mit wem nicht konkurriert werden?

Über strategische Entscheidungen werden Weichenstellungen vorgegeben, die im Alltag Orientierung geben, viele individuelle Entscheidungen vorab strukturieren und im Idealfall das vielfältige Handeln Einzelner auf ein Ganzes ausrichten, wodurch das Ganze sich immer wieder erweitern und erneuern kann. Nur auf Basis einer klaren Strategie ist die **Feststellung von Erfolg** oder Misserfolg möglich und sinnvoll.

Strategieentwicklung und Erfolgsmessung betrachten wir als zwei Seiten einer Medaille. Nicht immer aber werden die beiden Seiten aktiv und bewusst gestaltet, oft ist es auch nicht erwünscht, Erfolge (oder das Gegenteil) genauer zu erkennen und zu bewerten. Dies liegt aus unserer Erfahrung manchmal am Können (Instrumentarium, Prozess Know-How, Rechenkünste ...) und oft auch am Wollen, denn Strategieentwicklung und Erfolgsmessung sind immer auch politische Prozesse, da es auch um die Frage der Interessen geht: Welche Ziele sollen vorrangig erfüllt werden, an welchen Kriterien wird die Zielerreichung gemessen – und wer bestimmt all das?

Die Aushandlung dieser Fragen ist in NPOs besonders anspruchsvoll, da deren Zielsetzungen häufig an schwer quantifizierbaren Größen orientiert sind, ihre Leistungen oft nicht unmittelbar messbar sind und Ansprüche an die Organisation von unterschiedlichen Stakeholder-Gruppen stark divergieren können.

Die politische Dimension von Erfolgsmessung in NPOs hat daher große Bedeutung und es empfiehlt sich, besonderes Augenmerk auf die **Interessen** von Stakeholdern sowie auf den **Prozess** der Strategieentwicklung zu legen. Mit Blick auf die andere Seite der Medaille geht es weiters darum, eine kluge und passende Erfolgsmessung zu konzipieren bzw. einen ebensolchen Umgang mit den Ergebnissen bereits getätigter Erfolgsmessungen zu finden.

Betriebswirtschaftliche Messmethoden können dafür durchaus adaptiert werden, und zwar unter Beachtung folgender, uns wesentlich erscheinender Aspekte:

- Vergessen Sie standardisierte, ökonomische Erfolgsgrößen, und kreieren Sie passende für Ihre NPO.
- Kümmern Sie sich um die Prozessgestaltung! Achtsamkeit, Prozesswissen und Sensibilität für soziale Prozesse sind essentiell!

Wir widmen uns im Folgenden den Gestaltungsfragen rund um eine NPO-adäquate Strategieentwicklung in Kombination mit einer gelungenen Erfolgsmessung.

5.6.2. Das stakeholder-orientierte Konzept der Strategieentwicklung und Erfolgsmessung[1]

Dieses Konzept stellt die Erwartungen von Stakeholdern an die NPO ins Zentrum der Strategieentwicklung.

Nachdem wir davon ausgehen, dass der Prozess der Entwicklung in NPOs besonders bedeutsam ist um Commitment und Akzeptanz zu sichern, ist es als eine Art **Prozess-Fahrplan** zu verstehen, also als eine Abfolge von Schritten, die zu einer passenden Strategie führen können.

[1] Vgl. *Eckardstein/Simsa* 2004.

Bei jedem der im Folgenden vorgestellten Schritte muss entschieden werden, welche Organisationsmitglieder in welcher Form einbezogen werden. Erhebungen und Entscheidungen können entweder ausschließlich von Seiten des Managements und/oder des Vorstandes erfolgen oder im Zuge eines kollektiven organisationsinternen Verständigungsprozesses gewonnen werden. Die Entscheidung über die Prozessgestaltung unterliegt einigen erfolgskritischen Faktoren:

- den vorhandenen Ressourcen
- der Einschätzung, wie weit Mitarbeiterinnen erwarten, aktiv mitgestalten zu können
- dem erforderlichen Ausmaß an Expertise und Meinungen der Mitarbeiterinnen in der Diskussion
- dem Ausmaß der zu erwartenden Veränderungen – (je größer desto mehr Einbezug)

Partizipativere Entscheidungsformen erhöhen in der Regel auch die Akzeptanz und damit die Bereitschaft zur Umsetzung. Letztlich aber obliegt es der Einschätzung der Führungskraft, welche und wieviele Personen an welcher Stelle einbezogen werden. Unsere Erfahrung ist, dass hier gerade in NPOs Klarheit hilfreich ist: Also von Beginn an zu definieren, wer wann wo mitreden kann und wann wer entscheidet. So werden hierarchische Entscheidungen auch als entlastend erlebt.

Mischformen der Entscheidungsfindung ermöglichen die Einbeziehung von Mitarbeiterinnen ohne zu hohen Ressourcenaufwand. So können Mitarbeiterinnen etwa über die Vorhaben des Managements und die Ergebnisse einzelner Phasen informiert und um schriftliche Anregungen gebeten werden, möglich ist auch eine diesbezügliche Diskussion im Intranet, deren Ergebnisse vom Management aufgegriffen werden können. Anstatt eines umfassenden kollektiven Prozesses kann beispielsweise auch eine Arbeitsgruppe aus Delegierten wichtiger organisationaler Bereiche eingesetzt werden, welche den Prozess durchführt und steuert.

Der zentrale Hintergrund jeglicher Strategieentwicklung ist die **Mission**, d.h. der selbst gesetzte Auftrag der Organisation. Damit definieren sich auch die wesentlichen **Stakeholder**, d.h. wichtige Anspruchsgruppen (Mitarbeiterinnen, Klientinnen, Geldgeber, die Öffentlichkeit etc.). Meist sind für NPOs weitaus mehr Stakeholder bedeutsam, als üblicherweise in betriebswirtschaftlichen Konzepten berücksichtigt werden.

5.6.2.1. Erster Schritt: Bestandsaufnahme der Entscheidungs- und Handlungssituation

Der erste Schritt der stakeholder-orientierten Strategieentwicklung und Erfolgsmessung stellt eine Bestandsaufnahme der gegenwärtigen Situation anhand der folgenden Fragen dar:

1. Wie sehen derzeit die **konstituierenden Faktoren** der Organisation oder meiner Abteilung/meines Bereiches aus? Dazu gehört zunächst die Mission der Organisation, weiters „materielle" Aspekte wie Größe, finanzielle Ressourcen, Anzahl und Qualifikation der Mitarbeiterinnen, aber auch Realitätskonzepte, d.h. organisationsintern relevante Sichtweisen, Erklärungsmuster, Werthaltungen. Weiters geht es um Produkte, d.h. materielle und immaterielle Leistungen für unterschiedliche Stakeholder und Prozesse, d.h. die Art, in der die Leistungen erbracht werden.

2. Welche **externen Faktoren** nehmen derzeit in welcher Form Einfluss auf die Organisation? **Welche** relevanten Umweltbedingungen der NPO wirken zurzeit? Wie können etwa Strategien der Sozialpolitik eines Landes z.B. für NPOs im Bereich sozialer Arbeit, die Entwicklung neuer Medien, zunehmende Flüchtlingszahlen aufgrund von Krisensituationen in Nachbarländern, die Bedingungen für die Strategieentwicklung menschenrechtspolitischer NPOs markant verändern etc. (vgl. auch Kapitel 5.7.).
3. Für welche **Stakeholder** werden welche Leistungen erbracht, welche Leistungen benötigt die Organisation von welchen Stakeholdern? Wie kann die Bedeutung dieser Stakeholder für die NPO gewichtet werden?

Die Beantwortung dieser Fragen stellt jeweils unterschiedlich hohe Anforderungen an die Organisation. Ist die Ausstattung der Organisation noch relativ leicht zu erheben, so braucht dies nicht für die Herstellung eines Konsenses über die Mission der Organisation zu gelten. Ist der ursprüngliche Gründungsgedanke noch aktuell, wie werden die darin enthaltenen Ziele von Management und Mitarbeiterinnen interpretiert? Möglicherweise kann mit dieser Analyse bereits eine erste, noch sehr allgemeine Antwort auf die Frage „**Woran merken wir, ob wir erfolgreich sind**?" erreicht werden.

Die Frage nach den relevanten internen und externen Stakeholdern und ihrer Bedeutung für die NPO birgt aber oft erhebliches **Konfliktpotenzial**, und auch relevante Umweltbedingungen werden oft widersprüchlich eingeschätzt. Generell sind jene Stakeholder für die NPO relevant, die großen Einfluss auf Bestand und zukünftige Entwicklung der Organisation haben (z.B. wichtige Geldgeberinnen, Mitarbeiterinnen) und jene, die im Fokus der Mission stehen (z.B. Klientinnen). Es handelt sich daher nicht nur um eine Bestandsaufnahme im technischen Sinn, sondern um einen Prozess, in dem Bewertungen stattfinden und in den Interessen einfließen. Die Frage der Gestaltung dieses Analyseprozesses wird damit zentral.

Gerade in dieser Phase der Analyse der Ausgangssituation empfiehlt sich der Einbezug einer eher größeren Anzahl an **Organisationsmitarbeiterinnen**. Damit besteht die Chance auf höhere Akzeptanz für jene Strategien, die auf Basis der Bestandsaufnahme entwickelt werden. Zudem haben unterschiedliche Bereiche der Organisation unterschiedlich große Nähe zu einzelnen Stakeholdern und damit auch unterschiedliche Einschätzungen von deren Bedeutung.

5.6.2.2. Zweiter Schritt: Erhebung der Erwartungen der Stakeholder an die Organisation

Der zweite Schritt ist die Erhebung der **Erwartungen und Erfolgsmaßstäbe** der als relevant erachteten Stakeholder. Was ist unseren Mitarbeiterinnen in den verschiedenen Bereichen wichtig? Was brauchen unsere Klientinnen wirklich? Wonach beurteilen diese, ob wir gut arbeiten? Wie sehen uns relevante Geldgeber, also Behörden, die Sozialversicherung, Spenderinnen etc.?

Oftmals bestehen diesbezüglich Vermutungen und Annahmen, diese werden aber nicht immer nur selten konkret überprüft. Eine derartige Erhebung darf nicht als eine Art mechanischer Prozess missverstanden werden. Das ist schon deshalb nicht gut vorstellbar, weil bereits die Erhebung der Erwartungen als solche und die Art und Methodik der Fragestellung eine politische Entscheidung darstellt (man hört, wonach man fragt).

Je Stakeholder können dabei verschiedene Methoden zum Einsatz kommen, wie Kundinnenbefragung (z.B.: telefonisch, mittels Fragebogen, mündliche Interviews), Mitarbeiterbefragung, Interviews bzw. Gespräche mit ausgewählten Stakeholdern, Fokusgruppen, Datenanalyse. Wenn sich Stakeholder selbst nicht in einer methodisch befriedigenden Weise äußern können, wie etwa demente Klientinnen oder die „Gesellschaft" als Stakeholder, dann muss die NPO quasi an ihrer Stelle Erwartungen formulieren. In diesem Fall erlangt das „konstruktivistische Mittun" bei der Erfassung und Verarbeitung von Stakeholder-Erwartungen die wohl größte Bedeutung.

5.6.2.3. Dritter Schritt: Interne Verarbeitung der Stakeholder-Erwartungen

Die Erhebung von Stakeholder-Erwartungen muss organisationsintern weiter verarbeitet werden, da diese schon aus Ressourcengründen so gut wie nie vollständig erfüllt werden können, sich aber auch in sehr vielen Fällen widersprechen können. Hier finden wir einen der bedeutsamsten Unterschiede zu profitorientierten Firmen, die in der Regel widerspruchsfreiere Anforderungen vorfinden. Daher müssen von Seiten der Organisation **Strategien des Umgangs mit Erwartungen** entwickelt werden, d.h. es muss entschieden werden, in welcher Form und in welchem Ausmaß sie erfüllt werden sollen.

In diesem Schritt geht es also um Integration und Vereinfachung, denn in Stakeholderanalysen werden meist so viele Daten produziert, dass zuerst eher Desorientierung als Orientierung entsteht. Und hier ist ein „kreativer Sprung" erforderlich. Es geht nicht darum, Erwartungen von Stakeholdern einfach zu erfüllen, sondern in einem kreativen Prozess etwas neues zu erschaffen, das vielen Bedürfnissen gerecht wird. Und ein solcher Prozess ist nie nur rational, sondern auch intuitiv und unlogisch.

Basis der Entscheidung ist die Analyse der Handlungsmöglichkeiten der Organisation. Die Erwartungen sind also mit den Interessen und Möglichkeiten der NPO abzugleichen. Im Einzelnen ist demnach zu prüfen, wie weit die Erfüllung der Erwartungen von Stakeholdern mit den Zielen, mit den finanziellen Möglichkeiten, mit der Notwendigkeit zur Selbstentwicklung der NPO und mit schon bestehenden Prozessen in Übereinstimmung gebracht werden kann.

Insbesondere die vorgenommene Gewichtung der Bedeutung unterschiedlicher Stakeholder muss berücksichtigt werden. Mögliche Strategien im Umgang mit Erwartungen kann man folgendermaßen systematisieren:

a) **Verhandlung:** Hier werden Anforderungen einzelner Stakeholder mit den Möglichkeiten und Zielen der Organisation konfrontiert und in einem Aushandlungsprozess modifiziert. Ein typisches Beispiel dafür ist die Entwicklung von Leistungsverträgen mit öffentlichen Geldgebern oder auch organisationsinterne Diskussionsprozesse zwischen den Mitarbeiterinnen verschiedener Bereiche.

b) **Unterwerfung:** Bestimmte Ansprüche müssen aufgrund des Einflusses des jeweiligen Stakeholders quasi ohne Mitspracherecht der Organisation erfüllt werden, z.B. jene von zentralen Geldgeberinnen oder von wichtigen Organisationsmitgliedern.

c) **Ignorieren:** Viele Erwartungen müssen oder können nicht erfüllt werden. Eine klare Entscheidung hat hier entlastende Wirkung. In der Folge kann überlegt werden, ob und wie diese Entscheidung den betreffenden Anspruchsgruppen kommuniziert werden soll. Ansprüche öffentlicher Geldgeberinnen z.B. werden in Bezug auf die finanzielle Gebarung oft erfüllt, in inhaltlicher Hinsicht oft ignoriert.
d) **Reframing:** In diesem Fall werden bestimmte Ansprüche uminterpretiert. So lassen sich z.B. „hinter" geäußerten Erwartungen wahrgenommene Ziele von Stakeholdern in anderer Weise als zunächst von diesen gewünscht erfüllen. Z.B. können statt der geäußerten Erwartung der Versorgung pflegebedürftiger Personen im Pflegeheim Familienangehörige unterstützt werden, so dass die Pflege in der eigenen Wohnung der Patientin erfolgen kann.

Der **Prozess** der internen Entscheidungsfindung kann wiederum unterschiedlich gestaltet sein, d.h. mit unterschiedlicher Intensität an **Partizipation** der Mitarbeiterinnen erfolgen. Der Prozess der **Aushandlung unterschiedlicher Interessen** spiegelt den politischen Aspekt der Strategieentwicklung sowohl in seinen externen als auch in seinen organisationsinternen Dimensionen am deutlichsten wieder. In dieser Phase ist eine fallweise Reflexion der zugrunde liegenden Interpretations- und Erklärungsmuster besonders ratsam.

5.6.2.4. Vierter Schritt: Entwicklung von Programmen

Kern dieses Schritts ist die Entwicklung von Programmen, d.h. Handlungsschwerpunkten für die Organisation, mit denen ein Beitrag zur Erfüllung der Mission erbracht werden kann und die im Einklang mit akzeptierten Erwartungen relevanter Stakeholder stehen. Beispiel: Eine soziale NPO, die Flüchtlinge unterstützen will, könnte als Programm die Betreuung von Flüchtlingen in einem Heim, das die NPO bereitstellt, festlegen. Von der Prozessgestaltung her kann die Organisationsleitung Vorschläge von Mitgliedern einholen, muss aber letztlich selbst entscheiden.

5.6.2.5. Fünfter Schritt: Entscheidung über Maßnahmen und Erfolgskriterien

Das Programm bedarf nun der Konkretisierung, es müssen zahlreiche konkrete Maßnahmen definiert werden. Zugleich sind Erfolgskriterien zu bestimmen, anhand derer später ermittelt werden kann, ob die Maßnahmen erfolgreich waren. Hiermit wird die Grundlage einer operativen Erfolgsmessung geschaffen. Gelungene Evaluation bedeutet immer, dass zentrale Erfolgsmaßstäbe bereits zu Beginn und nicht erst ex post definiert werden. Eine erfolgreiche Führungskraft stellt also häufiger und signifikant früher als eine weniger erfolgreiche die Frage: Und woran werden wir nachher erkennen, dass wir erfolgreich waren?

Die Maßnahmen müssen mit den Potenzialfaktoren der Organisation abgestimmt werden, im Beispiel des Flüchtlingsheims sind etwa folgende Fragen zu klären: Sind geeignete Räumlichkeiten, Mitarbeiterinnen verfügbar, wie müssen diese angepasst werden oder bedarf es einer Beschaffung, wenn ja, mit welchen Aktivitäten? Prozessmäßig kann die Leitung diese Aufgabe ihren Führungskräften, evtl. Projektleiterinnen und ergänzend internen oder externen Expertinnen übertragen, sofern sie diese nicht selbst übernimmt.

5.6.2.6. Sechster Schritt: Vereinbarung/Vorgabe von Zielen und von Maßnahmen an Mitarbeiterinnen

Nach der Entscheidung über die Maßnahmen sind diese nun im Rahmen der Mitarbeiterführung von Vorgesetzten (bzw. der Leitung) an Mitarbeiterinnen zu delegieren, wobei die bekannten W-Worte (wer, was, in welcher Weise, wann, mit welchem Ergebnis?) zu präzisieren sind. Prozessmäßig ist hier zwischen Partizipation in Form von Ziel*vereinbarung* oder Beauftragung in Form von Ziel*vorgabe* zu wählen.

5.6.2.7. Siebenter Schritt: Evaluation, Reflexion der zugrunde gelegten Kriterien und externe Kommunikation des Organisationserfolges

Nach Ablauf einer vorab festgelegten Zeitspanne muss der Erfolg der Organisation in Bezug auf die festgelegten Ziele und Kriterien überprüft werden.

Der Erfolg in Bezug auf jene Kriterien, die eindeutig operationalisierbar sind, kann in der Regel relativ einfach festgestellt werden, sollte aber jedenfalls den beteiligten Organisationsmitgliedern bekannt gegeben werden. In Bezug auf jene Kriterien, die trotz aller Bemühungen kaum oder schwer messbar sind, empfiehlt sich eine organisationsinterne Diskussion mit unterschiedlichen Mitarbeitergruppen zur Einschätzung des erzielten Erfolgs gemäß der definierten Kriterien. Auch die Befragung von Stakeholdern kann hier sinnvoll sein.

Danach kann entschieden werden, in welcher Form der ermittelte Erfolg der Organisation an unterschiedliche Anspruchsgruppen kommuniziert werden soll. Grundlage dieser Entscheidung sind die im Rahmen der Erhebung der Erwartungen gewonnenen Erkenntnisse. Private Spenderinnen, die beispielsweise inhaltliche Erfolge in das Zentrum ihrer Erwartungen stellen, werden an einer detaillierten Dokumentation der finanziellen Gebarung der Organisation wenig interessiert sein. Wenn die Erhebung der Erfolgskriterien privater Spenderinnen allerdings ein deutliches Interesse an finanzieller Sorgfalt und Transparenz ergeben hat, dann sollte sich die Erfolgsdokumentation auch daran orientieren.

Auf Basis der in diesem Prozess gemachten Erfahrungen sollten auch die zugrunde gelegten Kriterien hinterfragt werden: Wurden wichtige Anspruchsgruppen vergessen? Haben sich die gewählten Kriterien als praktikabel erwiesen? Wurden die Reaktionen von Stakeholdern auf den organisationalen Umgang mit deren Erwartungen richtig eingeschätzt? Hat sich die Situation geändert und muss darauf von Seiten der Organisation reagiert werden? Die Ergebnisse dieser Überprüfung gehen in die nächste Runde der Strategieentwicklung und Erfolgsmessung ein.

5.6.3. Vor- und Nachteile dieser Art der Strategieentwicklung

Ein zentraler Vorteil der Vorgangsweise ist die **Kombination** von **strategischem** mit **operativem** Management und Erfolgsmessung. Nicht nur in NPOs sind diese Aufgabenbereiche oft getrennt. Die einzelnen Elemente des Modells werden zwar bereits in vielen NPOs angewandt, die hier vorgeschlagene Vorgangsweise ermöglicht allerdings einen integrierten Prozess, welcher die politische Dimension der Erfolgsbestimmung berücksichtigt und einen bewussteren Umgang mit Erwartungen, Widersprüchen, Ideologien etc. ermöglicht.

Ein Gewinn ist zudem die Herstellung interner und externer **Transparenz**. Entscheidungen über den Umgang mit Erwartungen einzelner Stakeholder ermöglichen nicht nur Klarheit, sondern haben auch entlastende Funktion. Keine Organisation kann alle Erwartungen gleichermaßen erfüllen, das Ignorieren von Ansprüchen wird allerdings bei fehlenden diesbezüglichen Entscheidungen leicht als individuelles Defizit interpretiert. Die Erforschung der Anforderungen unterschiedlicher Stakeholder ist zudem nicht nur eine wichtige Grundlage der strategischen Planung, sondern ermöglicht auch eine **„maßgeschneiderte" Erfolgsdarstellung.**

Weiters erfolgt die Erfolgsfestlegung hier pro-aktiv, d.h. die Organisation wartet nicht auf Evaluation von außen, sondern legt selbst in Kommunikation mit relevanten Umwelten Kriterien für Erfolg fest. Die Erhebung unterschiedlicher Stakeholder-Interessen kann darüber hinaus auch in Verhandlungen mit Anspruchspartnern genutzt werden. Mit Verweis auf dokumentierte Erwartungen oder Widerspruchslagen können beispielsweise Forderungen abgewehrt oder modifiziert werden.

Herausforderungen des vorgeschlagenen Modells liegen in zwei Aspekten. Zum einen kann damit ein hoher Ressourcenaufwand verbunden sein, nicht immer wird daher die Durchführung in einer idealen Vorgangsweise möglich sein. So kann in bestimmten Phasen ein kollektiver organisationaler Entscheidungsprozess zwar sinnvoll sein, u.U. aber zu viel an Aufwand bedeuten. Auch die Erhebung von Stakeholder-Interessen wird nicht immer in der theoretisch besten Form möglich sein.

Zum zweiten verlangt eine sinnvolle Nutzung dieses Instrumentariums hohe Sensibilität und Qualifikation in Bezug auf die Prozessgestaltung. So muss etwa entschieden werden, in welcher Phase welche Mitarbeiterinnen und Organisationsbereiche in den Prozess einbezogen werden oder welche Instrumente der Erhebung und der Entscheidung jeweils angewandt werden. Kollektive Entscheidungsprozesse führen erfahrungsgemäß nur dann zu guten Ergebnissen, wenn sie entsprechend moderiert und strukturiert werden, und die Ergebnisse von Erhebungsprozessen wiederum hängen in hohem Maß von den angewandten Methoden ab.

Die hier dargestellte Schrittfolge vermittelt der Leserin vielleicht auch eine eher nüchterne und „brave" Vorgangsweise der Ausarbeitung von Strategien und Erfolgskriterien. Wir meinen, dass gerade kreative und stellenweise auch chaotische Prozesse zur Absicherung einen verlässlichen und verbindlichen Rahmen benötigen. Wenn es der Führungskraft gelingt, diesen Rahmen zu sichern, dann kann Unsicherheit und Kreativität, dann können auch Dissens und Auseinandersetzung ihren Raum bekommen – und diese sind in erfolgreichen Strategieprozessen jedenfalls erforderlich.

5.7. Relevante Trends und Umfeldentwicklungen

Hat man bis vor wenigen Jahren Führungskräfte gefragt, worin sie die größten Herausforderungen in ihrem beruflichen Alltag sehen, so wurde stets das Thema der Beschaffung der relevanten Information an einer der ersten Stellen genannt. Doch rund um die Jahrtausendwende hat sich hier einiges verändert. Heute sind beinahe alle Informationen permanent verfügbar und so lautet nun die größte Herausforderung: Wie **selektiere** ich die für mich und meinen Bereich wesentlichen **Informationen** heraus?

Eine erfolgreiche Führungskraft ist zuallererst einmal gefordert, für die Beantwortung solcher Fragen überhaupt Zeit erübrigen zu können – erst wenn es mir gelingt, alle „inneren" Führungsaufgaben in unserem Puzzle im Griff zu haben, kann ich mich auch dem äußersten Kreis zuwenden.

Die Entwicklungen, die es für eine Führungskraft zu beobachten gilt, sind natürlich je Organisation, je Tätigkeitsbereich höchst unterschiedlich. Wir wollen uns daher hier auf vier, aus unserer Sicht für einen Großteil der NPOs besonders bedeutsame, allgemeine Trends und Entwicklungen konzentrieren.

5.7.1. Änderungen im gesellschaftspolitischen Wertebereich

Es besteht weitestgehend Konsens in Wissenschaft und Praxis darüber, dass der **dritte Sektor** seit einiger Zeit in den westeuropäischen Gesellschaften deutlich **an Bedeutung gewinnt**. Diese Folge der Liberalisierung, Deregulierung und Privatisierung sozialer Aufgaben, die von kritischen Bürgern oft auch mit Sorge betrachtet wird, bietet zweifelsohne Chancen für NPOs. Wohlfahrtsstaatliche Absicherung und Solidarität verlieren an Bedeutung zugunsten von Eigenverantwortung und privatem Engagement.

Für NPOs bedeutet diese Änderung vorherrschender Werte zum einen eine gewisse Aufwertung, da ihre „schadensbegrenzende" Funktion wichtiger wird.[1] Sofern diese Ideologien allerdings auch einen **Rückzug des Staates** aus seiner Verantwortung für soziale Sicherheit begleiten, kann damit aber auch ein Rückgang staatlicher Finanzierung sowie die Gefahr einer Instrumentalisierung von NPOs gegeben sein, d.h. polemisch formuliert: Der Staat und die Wirtschaft brauchen weniger Verantwortung für Probleme zu übernehmen, da dies ohnehin die Zivilgesellschaft tut.

5.7.2. Demographische Veränderungen

Die Bevölkerungsprognose 2000–2050 geht davon aus, dass im Jahr 2050 etwa 100.000 Menschen mehr in Österreich leben werden als dies im Jahr 2000 der Fall war. Jedoch wird sowohl die Zahl der bis 15-Jährigen als auch die Zahl der 15- bis unter 60-Jährigen in diesem Zeitraum zurückgehen. Die Zahl der Personen im Alter von 60 und mehr Jahren wird hingegen von 1,67 Millionen im Jahr 2000 um 70 Prozent auf prognostizierte 2,85 Millionen ansteigen.[2] Diese Entwicklung geht in Deutschland in dieselbe Richtung, nur ist sie hier noch deutlicher zu erwarten.

Wir werden also insgesamt immer älter und gleichzeitig wird zu beobachten sein, dass diese **älteren Menschen vermögender** sein werden und ihr Geld immer häufiger auch für

---

1 Vgl. *Simsa* 2001.

2 Siehe *Schneider/Österle* 2003.

sich selbst ausgeben werden. Eine Entwicklung, die enorme Anforderungen an die Gestaltung und Finanzierung des Gesundheits- und Pflegewesens stellt. Für viele NPOs wird das eine weiterhin steigende Nachfrage nach ihren Leistungen bedeuten. Sichtbar ist auch heute schon, dass neue Konzepte im Personalmanagement erforderlich werden, denn der Personalengpass im Pflegebereich wird sich verschärfen.

Der Zukunftsforscher Matthias *Horx* beschreibt in seinen jüngsten Publikationen auch ein neues **„Phasenmodell"** einer **durchschnittlichen Biographie**. Bis heute ist unser Leben im Wesentlichen in drei Phasen gegliedert, nämlich Jugend und Ausbildung, Erwerbs- und Familienleben und Ruhestand.

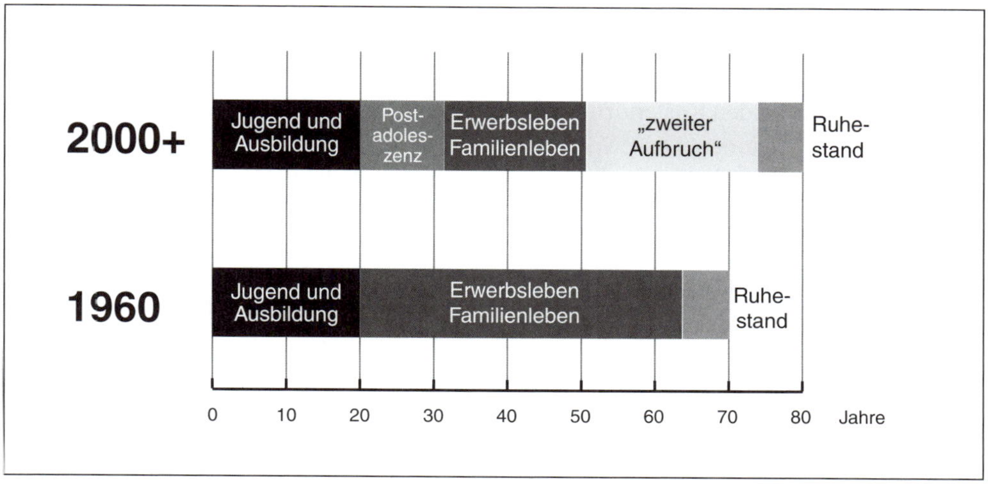

Abb: Neue Lebensphasen – Quelle: Vortrag von Prof. Matthias *Horx* 2005

Horx rechnet in Zukunft mit fünf Lebensphasen, denn gegenwärtig entstehen zwei neue Phasen, die Postadoleszenz und der aktive Ruhestand oder zweite Aufbruch:

Die **Postadoleszenz** zeichnet sich durch häufigen und raschen Wechsel, ein „Probieren" aus. Diese jungen Menschen testen verschiedene Berufe, Ausbildungen, Lebenskonzepte, gründen eigene Haushalte, um dann wieder ins Hotel Mama zurückzukehren, wechseln von Phasen der Erwerbstätigkeit in solche des studentischen Daseins etc. Was früher als unstet und wechselhaft galt, wird heute als flexibel und anpassungsfähig beschrieben.

Diese Lebensphase bietet neue Chancen für NPOs. Die jungen, engagierten Menschen sind rasch für Neues zu begeistern, werden aber der Organisation kaum so lange erhalten bleiben wie bisher (Bsp. Freiwillige Feuerwehren – wo es bislang üblich war, ein ganzes Leben ehrenamtlich tätig zu bleiben). Hier werden NPOs gefordert, kürzere und effizientere **Einarbeitungen** zu organisieren, rascheren Wechsel der Mitarbeiter zu verkraften, vielleicht auch mehr explizite **Zeitverträge** zu schließen, um im Gegenzug auf ein größeres Potenzial an engagierten jungen Menschen zugreifen zu können.

Die zweite neue Lebensphase bezeichnet *Horx* als **zweiten Aufbruch** oder **aktiven Ruhestand**. Diese Rentner sitzen nicht mehr beim Kachelofen und versorgen die Kinder, sondern sind selbst noch sehr aktiv, unternehmen weite Reisen, engagieren sich für unterschiedlichste soziale Angelegenheiten, beginnen neue Aus- und Fortbildungen, schreiben Bücher etc. Und sie zeigen starke Bereitschaft, ehrenamtliche Arbeit zu leisten. Diese Personen, die ihr Erwerbsleben bereits hinter sich haben, haben in der Regel wenig bis kein Interesse an Geld und auch an formeller Macht, sondern orientieren sich vorwiegend an der Sinnhaftigkeit der Tätigkeit und auch am sozialen Umfeld in der NPO. NPOs, die sich hier spezielle Gedanken zur Gewinnung ehrenamtlicher, qualifizierter älterer Personen machen, werden die Nase vorn haben.

5.7.3. Veränderungen im Wirtschaftssektor

Die europäische Wirtschaft ist von einem wachsenden globalen Konkurrenzdruck geprägt, der zunehmenden Kostendruck erzeugt und in laufenden Anstrengungen mündet, neue Märkte zu gewinnen. Diese Verschärfungen in den Arbeitsbedingungen gewinnorientierter Unternehmen haben auch Rückwirkungen auf NPOs. Zum einen werden bestehende Geschäftsbeziehungen zu NPOs z.T. neu definiert: Auswirkungen zeigen sich im Bereich des Sponsorings ebenso wie beim Outsourcing bestimmter Arbeitsfelder. Zum anderen gibt es immer **weniger „geschützte“ Bereiche**, in denen NPOs ungestört von kommerzieller Konkurrenz agieren können. Gewinnorientierte Unternehmen bieten in zunehmendem Maß Leistungen an, die noch vor einigen Jahren ein vorwiegendes Tätigkeitsfeld von NPOs waren (Beispiel Pflegebereich).

Voraussichtlich werden sich derartige Tendenzen in Zukunft noch verstärken, und der NPO-Sektor wird stärkeren Konkurrenzdruck mit gewinnorientierten Unternehmen erfahren. In einigen Bereichen sehen sich NPOs auch mit privaten, gewinnorientierten **„Rosinenpickern“** konfrontiert, die sich auf jene Leistungen konzentrieren, die profitabel sind und somit für die NPO nur noch die unrentablen Leistungen übrig bleiben (z.B. Rettungs- und Krankentransporte).

Es ist auch denkbar, dass NPOs in Bereiche einsteigen, die die Wirtschaft auf Grund des Kostendrucks verlässt. NPOs können sich dabei als bessere und billigere Leistungsanbieter profilieren, vor allem Eigenleistungs-NPOs, die häufig wirtschaftlich als hoffnungslos geltende Projekte doch realisieren können. Viele NPOs diversifizieren zunehmend ihre Geschäftsfelder und gehend dabei entweder profitorientiert vor oder geraten in Konkurrenz zu Profitorganisationen (vgl. z.B. das Reisebüro des österreichischen Alpenvereins).

Bemühungen, die soziale Verantwortung von Unternehmen stärker zu betonen (**„Corporate Social Responsibility“**), machen Allianzen mit NPOs aus der Sicht gewinnorientierter Unternehmen attraktiver. Dies könnte zu einer Aufwertung des NPO-Sektors führen. Die „Entdeckung“ von Corporate Social Responsibility ist somit auch ein Hoffnungsschimmer der Kompensation der Kürzung öffentlicher Gelder durch die Unterstützung von NPOs durch Profitorganisationen.

5.7.4. Veränderungen staatlicher Politik

Die Zukunft des Nonprofit-Sektors wird auch durch Veränderungen in der staatlichen Politik bestimmt. Die Neuorientierung der Finanzpolitik in den meisten westlichen Industrieländern führt dazu, dass der Sektor mit der **Kürzung finanzieller Mittel** rechnen muss. Viele NPOs leiden darunter, dass öffentliche Gelder seit einigen Jahren nicht nur gekürzt oder gestrichen, sondern auch viel kurzfristiger und weniger berechenbar zur Verfügung gestellt werden. Die Entscheidung für eine Finanzierungszusage lässt häufig sehr lange auf sich warten – und erfolgt oft erst zu einem Zeitpunkt, zu dem Teile der Ausgaben für das Projekt bereits getätigt wurden.

Versuche der Konsolidierung öffentlicher Haushalte beinhalten für den NPO-Sektor meist eine Doppelbotschaft. Einerseits werden NPOs als Ausweg für die Lösung finanzieller Probleme gepriesen. Andererseits kann die gleichzeitige Kürzung finanzieller Mittel durch den Staat NPOs in existenzielle Schwierigkeiten bringen.

Soziale Dienstleistungen werden zunehmend eher durch **Geldleistungen an die Bezieher** als durch Bezahlung der Leistungsanbieter finanziert. Dadurch entstehen **neue Konkurrenzbeziehungen** und es verändert sich die Beziehung zu den Leistungsempfängern.

Marktähnliche Strukturen werden durch die öffentliche Hand auch dort geschaffen, wo die Finanzierungsgrundlage von den Kosten zu pauschalen Fallabgeltungen verschoben wird. Diese Situation bedeutet mehr Autonomie für die NPOs, aber auch den Druck, die eigenen Leistungen aus einem quasi vom Markt vorgegebenen Preis finanzieren zu müssen.

Auch regulatorische Änderungen haben Auswirkungen auf den Konkurrenzdruck durch Profitorganisationen, v.a. das Verbot protektionistischer Regelungen in der EU. Damit wird z. B. die De-facto-Marktaufteilung zwischen dem Staat und großen Wohlfahrtsverbänden durch die Offenheit für gewerbliche Anbieter des EU-Raums in Frage gestellt.[3] Auch im Sport widersprechen europäische Rechtsvorschriften lang geübten Praktiken des NPO-Sektors (z. B. beim Transfer von Spielern, oder bei der Vergabe von Fernsehrechten).

Damit verstärkt sich für NPOs der Druck, sich nicht nur bei der Leistungsqualität, sondern auch bei Produktivität und Kosten an gewinnorientierten Unternehmen zu messen.

Jede Führungskraft einer NPO wird also diese Trends im Rahmen ihrer Aufgabe und ihres Verantwortungsbereiches im Auge behalten müssen und es werden jene die „Nase vorne haben“, denen es gelingt trotz aller täglichen Hektik ausreichend Zeit und Energie in die Beobachtung und Interpretation dieser Entwicklungen zu investieren.

[3] Vgl. *Badelt* 2002.

6. Führungsinstrumente

6.1. Einleitung

Der Begriff Führungsinstrumente (oft auch Führungswerkzeuge oder neudeutsch Tools genannt) klingt bekannt und verständlich. Man sollte meinen, es gibt eine gewisse Übereinkunft in Theorie und Praxis, was damit gemeint ist, doch unsere Beschäftigung mit diesem Terminus hat uns gezeigt, dass die Bedeutung und Belegung dieses Begriffes unterschiedlicher kaum sein könnte.

So wollen wir uns hier diesem Thema zuerst ein wenig grundsätzlich nähern um dann die aus unserer Sicht wichtigsten Führungsinstrumente anzuführen.

So gegenständlich Werkzeuge in handwerklichen Berufen (die Säge der Tischlerin, das Skalpell der Chirurgin etc.) sind, so wenig „greifbar“ sind sie, wenn es um Führung geht. Nach unserer Erfahrung ist die Metapher „Werkzeug“ hier dennoch äußerst hilfreich, da sie auf einen oft unterschätzten Teil von Führung hinweist: Jenen der **erlernbaren, trainierbaren Aktivitäten** – den handwerklichen Anteil von Führung. Gleichzeitig hat jede, die ein Handwerk kennengelernt hat, auch erfahren, dass das Beherrschen der Instrumente noch keine geschickte und erfolgreiche Handwerkerin ausmacht. Da gehören dann eben auch Begabung, Talent, Begeisterung, Phantasie, Geschick, Erfahrung etc. dazu.

Die Führungsliteratur zeigt uns, dass man Führung aus vielen Perspektiven betrachten kann. Zwei wesentliche sind jedenfalls folgende:

- Führung als Kunst
- Führung als Handwerk

Beide Metaphern sind hilfreich, denn:

- Führung als Kunst zu titulieren deutet auf die nur begrenzte Erlern- und Trainierbarkeit hin. Zu einer erfolgreichen Künstlerin gehört immer eine Portion Talent oder Anlage und das wird auch bei der Führung einer NPO erforderlich sein.
- Führung als Handwerk zu bezeichnen beleuchtet einen anderen Aspekt dieser Tätigkeit: Handwerk bedeutet Übung, Arbeit und eben auch Geschicklichkeit im Umgang mit Werkzeugen. In der Ausübung eines jeden Handwerks ist recht klar, welche Werkzeuge zur Grundausstattung gehören und welche Spezialinstrumente für welche Aktivitäten erforderlich sind. Und es ist klar, dass das Beherrschen dieser Instrumente einiges an Übung und Geschick erfordert, und dass so manchem Instrument auch Tücken und Risiken innewohnen. Diesem zweiten Aspekt soll in dem vorliegenden Kapitel nachgegangen werden.

6.2. Die elf wichtigsten Werkzeuge

Was sind nun die wichtigsten Werkzeuge, die wir einer Führungskraft einer NPO in den Werkzeugkoffer packen wollen? Wir wollen uns hier auf die aus unserer Erfahrung elf wichtigsten Instrumente konzentrieren. Diese Liste mag vielleicht banal und wenig innovativ wirken, unsere Erfahrung mit vielen NPOs zeigt aber zum einen, dass es oft gerade der fehlende Einsatz dieser Basistools ist, der Führung schwierig und schwammig macht und zum anderen auch, dass zur „hohen Schule" einer persönlichen Leadership der routinierte Umgang mit eben diesen Basistools dazugehört.

Die elf wesentlichen Instrumente sind:

1. Stellenbeschreibung
2. Zielvereinbarung
3. Mitarbeitergespräch
4. Regelkommunikation
5. Entwicklungsplanung
6. Entlohnungssystem
7. Strategiearbeit
8. Persönliche Arbeitsorganisation
9. Feedback
10. Teamentwicklung
11. Radarschirm

6.2.1. Stellenbeschreibungen, Dienstpläne, Einteilungen

Organisationen zeichnen sich – sehr im Unterschied zu anderen sozialen Systemen wie Familien oder Gruppen – dadurch aus, dass Personen vor allem Mittel zum Zweck sind. Aus Sicht der Organisation ist zuerst einmal die zu erfüllende Aufgabe da, die eine Stelle begründet und für diese Stelle wird dann die passende Person gesucht. In vielen Organisationen hat sich das Kürzel **AKV** eingebürgert, zur Beschreibung der Definition von **Aufgaben, Kompetenzen und Verantwortungen** einer Stelle.

Wir meinen, dass eine solide Stellenbeschreibung eine Basis jeder Führungstätigkeit sein sollte, und diesem Instrument gerade in NPOs besondere Bedeutung zukommt, da hier oft die persönliche Verwirklichung eigener Interessen vor die organisationalen Notwendigkeiten gestellt wird.

Wenn es einer Führungskraft einer NPO gelingt, ihre Mitarbeiterinnen davon zu überzeugen, dass das Vorliegen einer diskutierten und abgestimmten, übersichtlichen und kompakten **Stellenbeschreibung** sinnvoll und notwendig ist, und wenn es dann noch gelingt einen Prozess zu etablieren, in dem diese Beschreibungen regelmäßig evaluiert und überarbeitet werden, ist bereits ein sehr schönes Stück basaler Führungsarbeit getan. Je basisorientierter die Organisation ist, umso herausfordernder ist diese Aufgabe vermutlich.

Die Beschreibung einer Stelle ist eine Basis, die letztlich in jeder Organisation erfolgen kann oder soll – in Abhängigkeit der Tätigkeiten und Aufgaben sind es dann die Dienstpläne, die Einteilungen, die Regelungen der Stellvertretung, etc., die die tägliche Routine der Führung ausmachen.

Oft gibt es an diesen Formalia auch massive Kritik, denn Stellenbeschreibungen haben speziell in unser schnelllebigen Zeit das Problem, dass sie häufig der gelebten Praxis ein wenig hinterher sind – doch auch diese regelmäßige Reflexion und Adaption ist zentrale Führungsaufgabe: Was haben wir uns ursprünglich vorgenommen oder vorgestellt, was diese Stelle leisten soll? Wie hat es sich in letzter Zeit entwickelt? Und wie stehen wir zu dieser Entwicklung? Was davon halten wir für produktiv und sinnvoll und sollte zu einer Anpassung der Stellenbeschreibung führen und was ist eine Entwicklung, die wir nicht für sinnvoll halten und die wir daher stoppen oder bremsen wollen?

6.2.2. Zielvereinbarung

Auf die Stellenbeschreibung folgt ein weiteres Kernelement jeder Führung: Das Erstellen einer Zielvereinbarung. Ob diese in jährlichen Gesprächen, oder auch unterjährig in kürzeren Etappen erfolgt, eine von beiden Seiten (Führungskraft und Mitarbeiterin) akzeptierte schriftliche Unterlage macht einen wesentlichen Unterschied.

Hier taucht rasch die Frage auf: Was gehört in die Stellenbeschreibung und was in die jährliche Zielvereinbarung? Sollen auch die fortwährend zu erledigenden Routinen in Ziele münden oder sind es nur die Besonderheiten und Projekte, die in der nächsten Periode dazukommen?

Der wesentliche Punkt in NPOs ist meist aber bereits die Frage: Liegen tatsächlich **schriftlich vereinbarte Ziele** vor und wenn ja, wie klar und **messbar** sind diese? Wir wissen aus unserer Praxis, wie schwierig in vielen Fällen die Definition klarer und messbarer Ziele ist – und doch folgt irgendwann in irgendeiner Form eine Beurteilung der Leistung jeder Mitarbeiterin. Die Kunst liegt hier nun also darin, diese Thematik im Vorhinein aufs Tapet zu bringen: Woran werden wir gemeinsam am Ende einer Periode erkennen, dass gut gearbeitet wurde? Und je schwieriger diese Frage zu beantworten ist, umso notwendiger ist ihre ausführliche Behandlung.

Wir empfehlen hier immer, einen **quantitativen** und einen **qualitativen Teil** der Zielvereinbarung zu erstellen. In jeder Arbeit gibt es Messbares und objektiv Beobachtbares, aber es gibt auch immer „weiche“ Kriterien oder Ziele und diese sollten ebenso festgehalten werden.

Vor allem für den quantitativen Teil empfehlen wir die gute, alte Idee, **SMARTE Ziele** zu vereinbaren:

Spezifisch	Für diese Person und diese Situation
Messbar	Anhand konkreter Ergebnisse, nicht nach Gefühl
Akzeptabel	Annehmbar für beide Seiten
Realistisch	Erreichbar, aber fordernd
Terminisiert	Bis zum Kontrolltermin/nächsten Gespräch

Wenn es gelingt, schriftliche Zielvereinbarungen zu verfassen, taucht regelmäßig eine weitere wichtige Frage auf: Jene der **Sanktionen** oder **„Belohnungen“**. Was wird geschehen, wenn die Ziele übererfüllt werden? Was, wenn sie erreicht werden? Und was, wenn sie nicht erreicht werden? So wenig sich an dieser Stelle allgemeine Empfehlungen ableiten lassen – so sehr kann die Empfehlung nur lauten, sich als Führungskraft genau diese Frage rechtzeitig zu stellen, denn irgendwann taucht sie ohnehin auf.

Und gerade Führungskräfte in NPOs sind hier noch stärker gefordert, denn ihre Sanktions- aber auch Belohnungsinstrumentarien sind oft deutlich eingeschränkter als jene in gewinnorientierten Unternehmen. Und doch gibt es erfolgreiche Beispiele von Vereinen, die nicht nur mit bezahlten Mitarbeiterinnen, sondern auch mit ihren Ehrenamtlichen oder Freiwilligen klare verbindliche Verträge abschließen und die Erfüllung dieser Vereinbarungen regelmäßig thematisieren.

So gibt es beispielsweise bei Ärzte ohne Grenzen und auch bei der Caritas Socialis schriftliche Vereinbarungen mit allen Freiwilligen.

6.2.3. Das Mitarbeitergespräch

Das Mitarbeitergespräch ist wohl das Führungsinstrument schlechthin. Alle uns bekannten Institutionen und Organisationen setzen Mitarbeitergespräche ein und in allen Organisationen sind sie Anlass vieler eingehender Diskussionen.

Die einen finden, sie reden ohnehin permanent mit ihren Mitarbeiterinnen und brauchen somit kein jährliches standardisiertes Gespräch, die anderen verstehen nicht, was es da jedes Jahr zu reden gibt, wenn sich nicht gerade viel geändert hat, und wieder andere scheuen diese Form des organisierten und meist auch dokumentierten Gespräches insgesamt.

Wir meinen, dass ein gutes Mitarbeitergespräch gerade in NPOs, die häufig zum Informellen und Vagen neigen, die Basis jeder Führungstätigkeit darstellen sollte. Wichtige **Eckpunkte** sind:

- **Jährliche Durchführung** – die dann noch um weitere Zwischengespräche (halbjährig, quartalsweise und anlassbezogen) erweitert werden kann
- **Standardisiertes Gespräch,** entlang eines definierten Leitfadens
- **Schriftliche Vorbereitung** von beiden Seiten
- **Fixe Bestandteile** sollten sein:
  - Rückblick auf die vergangene Periode
  - Wechselseitiges Feedback/Leistungsbeurteilung
  - Ziele für die kommende Periode
  - Vereinbarter Termin – ruhige und ungestörte Gesprächsatmosphäre
  - Dokumentation der Ergebnisse

Üblicherweise sind Mitarbeitergespräche **Vier-Augen-Gespräche** – in Sonderfällen gelegentlich auch Sechs-Augen-Gespräche mit einer weiteren Führungskraft oder auch einer Mentorin.

6.2.4. Regelkommunikation

Führung bedeutet zuallererst einmal Kommunikation und Organisation von Kommunikation. Viele Organisationen sind heute dazu übergegangen, bewusst den Teil der Regelkommunikation (REKO) – also alle notwendigen, immer wieder kehrenden – Meetings, Sitzungen, Jour fixes, Ausschüsse, Vorstandsmeetings, Generalversammlungen etc. in einem eindeutigen Plan, einer Übersicht festzuhalten. Davon zu trennen sind dann alle einmaligen oder jedenfalls nur befristet festgesetzten Meetings.

Gute Führung erkennt man in vielen Fällen auch daran, in welcher Qualität Meetings ablaufen. Wie pünktlich wird begonnen und geschlossen? Gibt es eine Tagesordnung? Wer moderiert? Wie wird protokolliert? Wie wird mit Versäumnissen umgegangen?

Unsere Erfahrung in NPOs, aber ebenso in profitorientierten Organisationen zeigt, dass die Frage der Gestaltung der REKO durch die radikalen Veränderungen in der Kommunikation durch Mobiltelefone, PDAs oder Palms, E-Mails, Internet etc. noch an Bedeutung gewonnen hat. Oder noch deutlicher: Gute Führung zeigt sich sofort an der Gestaltung der wesentlichen Meetings und auch an der permanenten Reflexion der Qualität und Notwendigkeit derselben und an der laufenden Adaption.

NPOs und im Speziellen sicher basisnahe NPOs sind hier noch stärker gefordert, denn die Diskussionsfreude, das Engagement der Mitarbeiterinnen, die persönliche Betroffenheit von den Themen ist in der Regel noch größer als in Unternehmen und darunter kann schnell die Qualität der Meetings leiden.

Jede Führungskraft sollte sich also fragen:

- Habe ich einen **klaren und übersichtlichen Plan der REKO** in meinem Verantwortungsbereich?
- Wer nimmt an welchem Meeting teil?
- Wie ist die Frage der Abwesenheits-Vertretung in Meetings geregelt?
- Welches Meeting wird von wem moderiert, vorbereitet und dokumentiert?
- Wie wird protokolliert?
- Wer erhält welche Protokolle?
- Wann und wie sorge ich für laufende und regelmäßige Evaluation der Sinnhaftigkeit und Qualität dieser Meetings?

6.2.5. Entwicklungsplanung

Wer Mitarbeiterinnen führt, ist auch immer für deren **persönliche Weiterentwicklung** verantwortlich. Gute Führungskräfte unterstützen Mitarbeiterinnen permanent in ihren diesbezüglichen Überlegungen und Aktivitäten und doch finden wir hier meist auch eine in sich widersprüchliche Situation vor. Denn wenn sich Mitarbeiterinnen weiterentwickeln, dann werden sie sich über kurz oder lang auch verändern wollen und dann muss sich die Führungskraft wieder eine neue Person für die vakante Stelle suchen und wieder von vorne beginnen.

Dieses Führungsinstrument ist in NPOs mit Sicherheit noch herausfordernder als in Firmen. Denn viele NPOs sind eher kleine Organisationen, in denen dann intern oft einfach die Möglichkeiten der Weiterentwicklung fehlen und zusätzlich sind Wechsel innerhalb der „Branche“ meist deutlich seltener und schwieriger als in der Profitwelt.

Zur Planung der Entwicklung von Mitarbeiterinnen gehört zunächst die Feststellung von persönlichen Interessen und der Arbeitszufriedenheit sowie die Reflexion von Fähigkeiten und weiteren notwendigen Ausbildungsschritten. Ein nächster Schritt kann die gezielte Planung weiterer Ausbildungs- und Karriereschritte sein.

Im Rahmen einer Untersuchung des Personalmanagements von NPOs im Bereich der Altenpflege[1] zeigte sich deutlich, dass Personal v.a. verwaltet, aber wenig gemanagt wird. Nur einige wenige Organisationen reagierten mit Erfolg auf das generell große Problem des Personalmangels, indem sie ihren qualifizierten Mitarbeiterinnen spezifische Weiterbildungsmaßnahmen ermöglichten und finanzierten. Dies wurde von den Mitarbeiterinnen gerne angenommen, führte zu deutlich geringerer Fluktuation und letztlich auch zur Einsparung von Kosten für Personalrekrutierung und -einarbeitung.

Unsere Erfahrung in NPOs ist, dass eben aufgrund der oft fehlenden Möglichkeiten, aber auch aufgrund der starken Verbundenheit mit der NPO die Fragen der persönlichen Entwicklung oftmals zu kurz kommen.

NPO-Führungskräfte sollten das vorhandene und mögliche Instrumentarium der Karriereschritte, der persönlichen Weiterbildung, des Job-Enrichments oder -Enlargements aber gerade auch deshalb intensiver nutzen, da ihnen ohnehin die monetären Instrumente oft nur eingeschränkt zur Verfügung stehen. Das führt uns zum nächsten Instrument: dem Geld.

6.2.6. Entlohnungssystem

Die Frage der Entlohnung ist naturgemäß in jeder Organisation eine zentrale und jede Führungskraft steuert im Rahmen ihrer Möglichkeiten mit Hilfe dieses Instrumentariums. Auch kleinere NPOs sind in den vergangenen Jahren vermehrt dazu übergegangen, die Frage der Gestaltung der Entlohnung grundsätzlich und nicht nur in Einzelfällen anlassbezogen zu thematisieren, d.h. **ein für alle gültiges System** zu definieren.

Der einzelnen Führungskraft stellt sich dann die Frage der kreativen Nutzung dieser vorhandenen Möglichkeiten. Natürlich sind es auch in NPOs primär die Fragen der monetären Honorierung von Leistungen – also Grundgehalt, Zulagen, laufende Prämienregelungen, Einzelprämien, erfolgsabhängige Gehaltsbestandteile, etc. Dazu kommen dann die oft unterschätzten nicht-monetären Anreize wie Sabbatical-Regelungen, Sonderurlaube, individuelle Arbeitszeitregelungen oder einfach nur die Übertragung bestimmter Verantwortungen oder Aufgaben.

Gerade in kleineren NPOs werden Fragen und Themen, die sich ums Geld drehen, oft ein wenig tabuisiert, was rasch zu jeder Menge an Unruhe führen kann. Die Empfehlung lautet hier, sich konsequent folgende Fragen zu stellen:

- Ist mir klar, über welches Instrumentarium ich in meiner Rolle und Position verfügen kann?

[1] *Simsa/Schober* 2005.

- Welchen Spielraum habe ich tatsächlich?
- Wie kann ich ein möglichst gerechtes und transparentes System der Entlohnung gestalten?
- Welche meiner Mitarbeiterinnen ist derzeit mit welchen Faktoren der Entlohnung zu motivieren?

6.2.7. Strategiearbeit

Der Thematik der strategischen Arbeit ist in diesem Buch ohnehin ein eigenes Kapitel gewidmet. Daher sei an dieser Stelle nur eine zentrale Frage erwähnt:

Habe ich ein klares Bild darüber, in welcher Form, mit welchem **Prozess** ich in meinem Verantwortungsbereich regelmäßig an strategischen Themen mit meinen Mitarbeiterinnen arbeite? Wo, wann und wie und in welcher Runde werden in meinem Bereich **Leitbild, Vision, Mission,** Grundstrategie, etc. evaluiert, diskutiert und entschieden?

6.2.8. Persönliche Arbeitsorganisation

Oft sind es in der Praxis die sehr banalen oder auch basalen Faktoren, die Führungskräfte ins Schleudern bringen. Die persönliche Arbeitsorganisation ist ein solcher Faktor – und dies aus zweierlei Gründen: Erstens weil ich dann selbst den Überblick verliere, aber zweitens auch, weil meine Vorbildwirkung darunter leidet – denn eine Chefin, die sich selbst nicht organisieren kann, kann dies wohl auch schlecht von anderen verlangen. Also geht es hier um grundlegende Fragen wie:

- Wie organisiere ich meine **Termine** und Kalender?
- Was **delegiere** ich in welcher Form?
- Wie organisiere ich meinen **Mailverkehr**?
- Wann und wie bin ich **erreichbar**?
- Wie organisiere ich meine **Ablage**?

6.2.9. Feedback

Die Leistungsfähigkeit jeder Organisation steigt, wenn es gelingt, aus Erfahrungen, aus **Fehlern** und auch **Erfolgen** rasch **zu lernen**. Eine Grundvoraussetzung dafür ist, dass über Wahrnehmungen und Beobachtungen möglichst offen geredet werden kann.

Im Zentrum stehen hier gut organisierte Feedbackprozesse mit wesentlichen **Stakeholdern**, also Rückmeldungen von Mitarbeiterinnen, Kundinnen/Klientinnen, Lieferantinnen, Vorständen, ehrenamtlichen Mitarbeiterinnen, freiwilligen Mitarbeiterinnen etc.

Wenn es um Führung im engeren Sinn geht, dann steht die Kommunikation über die wechselseitige Wahrnehmung zwischen Führungskraft und Mitarbeiterin im Mittelpunkt. Dies ist in der Regel ein heikles Thema. Zum einen, da Mitarbeiterinnen häufig eine gewisse Scheu an den Tag legen, nicht sicher sind, wie offen sie tatsächlich sein können. Zum anderen erfordert ein echtes Einholen von Rückmeldungen von Seiten der Führungskraft hohe soziale und menschliche Kompetenz, es gilt, die Meinung der Mitarbeiterinnen auch dann anzuhören, wenn diese das Selbstbild in Frage stellt oder Punkte berührt, die persönlich heikel sind.

Wie also gestalte ich **Führungskräfte-Feedback** und **Mitarbeiterbefragungen**? Es ist wohl schwer möglich, allgemein gültige Empfehlungen zu geben, unsere Erfahrung zeigt aber, dass sich erfolgreiche Führungskräfte genau diese Frage stellen und dann die für ihre Situation passende Mischung aus anonymen und nicht-anonymen Befragungen, aus schriftlichen und mündlichen Kanälen finden und dann Prozesse definieren, die eine rasche Bearbeitung sicherstellen. Entscheidend ist die sorgfältige Entwicklung einer Feedback-Kultur. Es muss deutlich werden, dass die Führungskraft tatsächlich Interesse an den Einschätzungen der Mitarbeiterinnen hat, dass damit das Führungshandeln als wichtiger Erfolgsfaktor der Organisation thematisierbar gemacht wird (und nicht die Person der Führungskraft) und dass jedenfalls kritische Äußerungen nicht sanktioniert werden.

6.2.10. Teamentwicklung

Auch der Thematik der Arbeit im Team ist in diesem Buch ein eigener Teil (siehe Kapitel 5.3.) gewidmet. Daher hier wieder nur eine kurze Bemerkung:

Was uns in unserer Arbeit immer deutlicher wird, ist, dass es erfolgreichen Führungskräften gelingt, die passenden Formen der Teamentwicklung, der **Reflexion** der Zusammenarbeit, der **Supervision** für ihr Team zu implementieren. Der Regelfall in einem Großteil der Organisationen ist jedoch, dass Teamentwicklungen und Supervisionen erst dann stattfinden, wenn eine Störung oder Irritation vorliegt.

In der Erfahrung und Routine mit diesem Führungsinstrument sind NPOs vielleicht schon weiter als die durchschnittliche profitorientierte Unternehmung, denn die oben genannten Formen der Reflexion der Zusammenarbeit haben in Organisationen mit sozialem Hintergrund und in sehr vielen basisorientierten Vereinen bereits eine lange Tradition.

6.2.11. Radarschirm

Schlussendlich stellt sich jeder Führungskraft die Frage: Wie gelingt es mir, den Überblick nicht zu verlieren? Welche **Kennziffern**, welche **Indikatoren**, welche Faktoren sind die, an denen ich mich laufend orientiere?

Jede Führungskraft ist hier gefordert, ein für ihre Situation passendes „Cockpit“, oder „Radarsystem“ zu definieren. In profitorientierten Firmen ist dies meist ein wenig einfacher und oft weniger komplex als in NPOs. Letztere müssen sich an vielen, oft widersprüchlichen Stakeholder-Interessen orientieren und haben daher Schwierigkeiten mit der Erstellung klarer und eindeutiger Erfolgsindikatoren.

Ich muss mich als Führungskraft also zuerst fragen: Wer sind meine **relevanten Umwelten**, wie schaut die Beziehung zu diesen aus und wie verändern sich diese? Nach der Benennung dieser zentralen Stakeholder muss ich Indikatoren definieren, um anhand weniger ausgesuchter Variablen laufend zu beobachten, wo es in meinem Verantwortungsbereich „läuft“ und wo es „aus dem Ruder läuft“. Oft ist es einfacher, eine Vielzahl an Indikatoren zu definieren als sich auf einige wesentliche zu konzentrieren. In der Praxis können es meist nicht mehr als eine Handvoll zentraler Kennziffern sein, die täglich beobachtet und interpretiert werden können. Viele NPOs versuchen konsequent je Bereich zwei bis maximal drei Kennziffern zu definieren und diese regelmäßig zu beobachten – also meist zwei bis drei Kennziffern für Fundraising, Öffentlichkeitsarbeit, inhaltliche Zielerreichung, Personalsituation, etc.

Sowenig allgemein gültige Empfehlungen für die Ausgestaltung dieser elf Führungsinstrumente abgegeben werden können, so klar ist uns in unserer Arbeit aber auch oft geworden, wie hilfreich es sein kann, in einer spezifischen Situation genau diese elf Instrumente zu definieren und zu modellieren.

7. Expertengespräche

Interviews von Cornelia Stolla mit Thomas Höhne, Helmut Reischenböck, Gudrun Tockner, Sepp Tschernutter

Im folgenden Abschnitt kommen Fachberater unterschiedlicher Expertisen zu Wort. Sie erzählen aus ihrer Praxis mit Non-Profit-Organisationen, von erlebten Unterschieden zu Wirtschaftsunternehmen, Herausforderungen für ihre eigene Profession und Anforderungen an die Führungskräfte.

Perspektive eines Steuerberaters

Helmut Reischenböck (hreischenboeck@reischenboeck.com) ist seit über zehn Jahren selbständiger Steuerberater in Österreich. Zu seinen Kunden zählen sowohl Wirtschaftsunternehmen als auch Non-Profit-Organisationen. Durch seine dreijährige Tätigkeit bei dem gemeinnützigen Verein „Lebenswelten e.V." in Berlin hat er einen besonderen Bezug zu NPOs, der über die reine Beratung von NPOs in Steuerangelegenheiten hinausgeht.

Wie würden Sie die größten Unterschiede beschreiben, die Sie zwischen NPOs und Wirtschaftsunternehmen wahrnehmen?

Ich sehe Unterschiede vor allem im Bereich der handelnden Personen und in den Entscheidungsstrukturen. Viele der Führungskräfte und Mitarbeiter haben einen geisteswissenschaftlichen, sozialen oder gesellschaftspolitischen Hintergrund und dadurch seltener einen fundierten Zugang zu steuerrechtlichen und betriebswirtschaftlichen Fragestellungen. In dieser Hinsicht nehme ich jedoch eine zunehmende Professionalisierung der NPOs wahr, indem sie Know-how aus der Wirtschaft in den Non-Profit-Bereich übertragen und adaptieren. Das sehe ich auch als eine der wichtigsten Herausforderungen für Führungskräfte von NPOs, sich stärker rechtliches und betriebswirtschaftliches Wissen anzueignen. In Hinblick auf die Entscheidungsstrukturen erlebe ich NPOs oft als weniger klar strukturiert als Wirtschaftsunternehmen, sowohl was die Entscheidungskompetenzen als auch was die Entscheidungswege anbelangt. Diese sind sehr oft langwierig, manchmal kommt es sogar zu gar keinen Entscheidungen. Hier sehe ich bei vielen NPOs Verbesserungspotenzial und somit auch Handlungsbedarf auf Seiten der Führungskräfte.

Was ist für Sie als Steuerberater eine besondere Herausforderung in der Arbeit mit NPOs?

Bei vielen NPOs herrscht immer noch die Einstellung vor, dass Beratung nichts kosten darf. Das ist einerseits verständlich, weil in diesem Bereich sehr viele Mitarbeiter ehrenamtlich oder gegen ein sehr geringes Entgelt ihre Leistungen einbringen, andererseits birgt diese Haltung aber auch Nachteile für die Organisation. Im Wirtschaftsbereich ist es üblich, mit seinem Steuerberater ganzheitliche Konzepte zu entwerfen, von der Satzung über wichtige Verträge bis hin zu ganz operativen Fragestellungen, um Steuern zu optimieren. NPOs nehmen Beratung nur sehr punktuell in Anspruch, dadurch entgehen ihnen oft gute Gelegenheiten, um Steuern zu sparen und Risiken zu minimieren.

Was sind Spezifika von NPOs, auf die Sie als Steuerberater besonders achten?

Als Steuerberater habe ich bei NPOs oft nicht so einen klaren Auftrag wie bei Wirtschaftsunternehmen, bei denen es ganz klar um Steueroptimierung geht. Das ist nicht der primäre Fokus von NPOs. Wichtig für die Steueroptimierung in diesem Bereich ist aber insbesondere das Gemeinnützigkeitsrecht, eine Materie, die in der Bundesabgabenordnung festgeschrieben ist. Bereits die Satzung muss so formuliert sein, dass klar ersichtlich ist, dass Gemeinnützigkeit vorliegt. Für NPOs ist es essentiell, von der Finanzverwaltung als gemeinnützig anerkannt zu werden, weil sie dadurch ihre Steuern optimieren können. Das ist ein Punkt, auf den ich meine Klienten immer hinweise.

Wo sehen Sie als Steuerberater Ansatzpunkte für die Weiterentwicklung von NPOs?

Neben der Weiterentwicklung und Professionalisierung der handelnden Personen – Stichwort kaufmännisches und rechtliches Wissen – schlage ich einen ganzheitlicheren Umgang mit externem Beratungs-Know-how vor. Die Beiträge von Steuerberater, Rechtsanwalt und betriebswirtschaftlicher Beratung sollten sorgfältig aufeinander abgestimmt sein. Nur so kann auch rechtlich und finanziell das Optimum für die jeweilige Organisation erreicht werden. Im Idealfall spart man dadurch insgesamt ein Vielfaches der Beratungskosten wieder ein.

Ein zweiter wichtiger Punkt ist die Wahl der Rechtsform. Bisher ist in den meisten Fällen die Trägerschaft ein Verein. Mit dem neuen Vereinsgesetz im Jahr 2000 ist bereits ein großer Schritt in Richtung Klarheit und Rechtssicherheit getan worden. Haftungsfragen und auch Rechnungslegungsvorschriften sind eindeutiger formuliert und geben den Führungskräften neue Pflichten mit. Ein Nachteil, der aus meiner Sicht jedoch nach wie vor besteht, sind die unklaren Entscheidungs- und Führungsstrukturen, die Vereine oft produzieren. Besser wäre die Rechtsform einer gemeinnützigen GmbH, die ganz klare Organfunktionen vorsieht. Sie funktioniert im Prinzip gleich wie eine normale GmbH in der Wirtschaft, das „gemeinnützig“ betrifft nur das Steuerrecht.

Worin besteht für Sie persönlich der Reiz, NPOs in Steuerfragen zu beraten?

In Österreich gibt es nur ganz wenige Steuerberater, die sich mit dem Feld gezielt auseinandersetzen. Viele nehmen zwar NPOs als Klienten an, sind dann aber oft überfordert, weil sie einfach zu wenig damit zu tun haben. Insgesamt gibt es jedoch einen Trend hin zum tertiären Sektor, weil NPOs immer öfter Funktionen übernehmen, die nicht mehr von Staat und Wirtschaft abgedeckt werden. Der Reiz liegt darin, dass sowohl die Berater als auch die Führungskräfte von NPOs einander fordern und gegenseitig weiterentwickeln und sich so gemeinsam professionalisieren können.

Perspektive einer Personalberaterin

Gudrun Tockner (gudrun@tockner.com) ist selbständige Personalberaterin und sowohl für Wirtschaftsunternehmen als auch für Non-Profit-Organisationen tätig. Sie interessiert sich für Non-Profit-Organisationen seit ihrer Studienzeit. Neben einem Praktikum in einer NPO arbeitete sie in den letzten Jahren immer wieder als externe Beraterin für verschiedene NPOs und ist eine sehr interessierte Beobachterin dieser Branche.

Welche Besonderheiten bringen Nonprofit-Organisationen für Sie als Personalberaterin mit sich?

Zunächst sollte man unterscheiden zwischen verschiedenen Typen von NPOs. Es gibt sehr große, bürokratisch organisierte NPOs, wie beispielsweise im Gesundheits- und Pflegebereich, wo die Mittel großteils vom Staat bzw. durch Steuergelder bereitgestellt werden. Abgesehen davon, dass diese meist politiknaher sind als Wirtschaftsunternehmen, sehe ich hier wenig Unterschiede im Personalbereich, sowohl was das Recruiting als auch das Personalmanagement anbelangt. Sehr unterschiedlich erlebe ich hingegen NPOs, die „Themenanwälte" und „Sprachrohr" für spezifische gesellschaftspolitische Interessen sind. Diese spendenabhängigen NPOs beauftragen nur sehr selten Personalberater, weil sie ihre Ausgaben gegenüber den Spendern legitimieren müssen und für derartige Ausgaben oft keine Budgets vorgesehen sind.

Wie funktioniert Personalsuche bei den „Themenanwälten" unter den NPOs?

Gerade dieser Bereich ist sehr durchlässig, rekrutiert wird quasi gegenseitig. Die Leute kennen sich untereinander, tauschen ihre Erfahrungen aus und haben oft auch privat Kontakt. Mitarbeiter und Führungskräfte von NPOs durchwandern häufig verschiedene Organisationen. Das Recruiting erfolgt in den meisten Fällen auch ohne Personalberater professionell und systematisch, oft wird auch aus den eigenen Reihen besetzt. Wenn diese NPOs Personalberater engagieren, sind sie meiner Erfahrung nach sehr fordernd und arbeiten aktiv im Suchprozess mit. Sie geben hier mehr von ihrer eigenen Einschätzung und Arbeitsleistung in den Suchprozess als das beispielsweise in Wirtschaftsorganisationen üblich ist. Wenn sie sich schon einen Personalberater leisten, dann soll es sich auf jeden Fall lohnen.

Was sind aus personeller Sicht besondere Herausforderungen für NPOs?

Gerade bei kleineren Organisationen sind die Hierarchien sehr flach, die Aufstiegsmöglichkeiten sehr begrenzt. Die Gehälter bewegen sich in der Regel nur bei etwa 50 bis 75% des üblichen Marktwertes (besonders in der Führungsebene). Erfahrenes und kompetentes Personal aus dem Wirtschaftsbereich ist für NPOs oft schlichtweg nicht leistbar. Hochschulabgänger sind für NPOs oft noch leistbar, aber viele springen nach etwa drei Jahren wieder ab, weil die Schere zu den Gehältern in der Wirtschaft zu groß wird. Leistungsorientierte Entlohnungsmodelle sind unüblich, weil viele NPOs das als nicht kompatibel zu ihren Werten sehen – gute Arbeit macht man aus Überzeugung, nicht um mehr zu verdienen. Die große Herausforderung für NPOs ist somit, gute Leute an Bord zu behalten.

Trotz der geringen Entlohnung sind Führungskräfte von NPOs enorm gefordert. Vielfach sind sie überstrapaziert, weil sie mehrere Funktionen gleichzeitig ausüben und üblicherweise ein außerordentlich hohes Engagement an den Tag legen, in einigen Fällen bis zur Selbstausbeutung.

Was können NPOs Mitarbeitern und Führungskräften bieten, was Wirtschaftsunternehmen nicht haben?

In vielen Fällen die starke Betonung von Werten, die Chance, Sinn in der eigenen Arbeit zu finden. Viele Menschen haben die Sehnsucht, eine Arbeit aus Überzeugung zu tun. Ein weiterer, ganz praktischer Vorteil bietet sich für viele Frauen. Im NPO-Bereich wird Frauen üblicherweise mehr Flexibilität durch Teilzeitlösungen geboten, auch die Toleranz für Karenz oder Pflegeurlaub ist sehr hoch. Daher finden sich im NPO-Bereich auch deutlich mehr Frauen als Männer. Was für manche Menschen auch ein Anziehungspunkt ist, ist, dass es bei NPOs oft informellere Regeln gibt. Beispielsweise gibt es keine Kleidungsvorschriften, es ist weder wichtig, welches Handy man benützt noch welches Auto man falls notwendig fährt (Hauptsache umweltfreundlich).

Welche Merkmale von NPOs sind für Führung besonders wichtig?

Mitarbeiter von NPOs sind normalerweise hoch motiviert, insofern geht es primär darum, Rahmenbedingungen zu setzen, innerhalb derer sich die Mitarbeiter bewegen können. Eine besondere Herausforderung in Bezug auf die Mitarbeiter ist oft, auch Organisationsziele zu commiten, nicht nur Fachziele. Ein weiteres Merkmal sind stark beschränkte Mittel. Hier sind NPOs auch in Bezug auf die Weiterentwicklung ihrer Mitarbeiter und Führungskräfte erfinderisch, sie schaffen viel mit wenig Ressourcen, beispielsweise durch interne Akademien, kollegiale Beratung und gegenseitigen Austausch. Ein weiteres Merkmal ist in vielen Fällen eine schwach ausgebildete Konfliktkultur. Es ist nicht üblich, jemanden direkt anzugreifen oder Kritik zu üben, daher ist es schwierig, Probleme offen anzusprechen. Hier wird häufig Entwicklungspotenzial nicht genützt, sowohl auf Ebene der Organisation als auch auf Ebene der einzelnen Personen.

Welche Anforderungen sehen Sie für die NPO-Führungskraft von morgen?

Den größten Bedarf orte ich an Führungskräften, die Teamplayer sind und gleichzeitig an wichtigen Punkten in der Lage sind, klare Entscheidungen zu treffen und dadurch ihrer Führungsrolle gerecht zu werden. Durch interne Nachbesetzungen werden aus Kollegen häufig Führungskräfte, die den Rollenwechsel jedoch nicht leben. Auf der anderen Seite überfordern „Hardliner“, die aus dem Wirtschaftskontext kommen, die Organisationen, weil ihre Vorgangsweise oft als zu schnell, zu wenig basisdemokratisch erlebt wird. Genau diese Gratwanderung zwischen Kollegialität und Einbindung auf der einen Seite und klarer Anleitung und Entscheidungsfindung auf der anderen Seite ist die große Hürde, die viele Führungskräfte in NPOs nicht schaffen.

Welchen Tipp möchten Sie Führungskräften von NPOs für die Ausübung ihrer Führungstätigkeit mitgeben?

Stellen Sie Rahmenbedingungen für Ihre Mitarbeiter sicher, in denen sie sich entwickeln können. Entwickeln sie gemeinsam für jeden Mitarbeiter Perspektiven um ihn langfristig zu halten. Füllen Sie Ihre Führungsrolle aus, indem Sie „vorangehen" und für Ihre Mitarbeiter Ansprechpartner für Probleme sind und bieten Sie konkrete Lösungen an.

Entwickeln Sie Ihr eigenes Führungsleitbild im Unternehmen, transferieren Sie gute Leadership-Methoden in Ihr persönliches Umfeld und passen Sie es auf Ihre Rahmenbedingungen an.

Ein Vergleich mit Profit-Unternehmen ist meiner Meinung nach nie passend, da in Profit-Unternehmen andere Mechanismen herrschen und dort auch andere Anreizsysteme eingesetzt werden.

Perspektive eines Kommunikations- und PR-Beraters

Sepp Tschernutter ist CEO der Trimedia Österreich (www.trimedia.at), der drittgrößten PR-Agentur Österreichs, die er mit aufgebaut und als Geschäftsführer geprägt hat. Er berät seit über 15 Jahren Unternehmen aus der Wirtschaft und dem Nonprofit-Bereich zum Thema Kommunikation und PR. Seine Schwerpunkte sind Strategieberatung, Corporate Communications, CI & Positioning, Interne Kommunikation und Public Affairs. Er hat viele Kunden aus dem öffentlichen Bereich und NGOs betreut.

Welche Unterschiede zu Wirtschaftsunternehmen beeinflussen Ihre Arbeit als Kommunikations- und PR-Berater mit Nonprofit-Organisationen am stärksten?

Ein ganz praktischer Unterschied, der großen Einfluss auf die Qualität und die Wirksamkeit von Kommunikationsstrategien hat, ist die Budgetfrage. In Nonprofit-Organisationen wird oft grundsätzlich davon ausgegangen, dass Beratung ein Luxus ist, den man sich eigentlich nicht leisten darf. Deshalb gibt es oft eine große Distanz zu Beratung, weil man sich fragt „dürfen wir uns das leisten?" Das ist aber aus meiner Sicht die falsche Frage. Wichtig ist vielmehr: Können und wollen wir uns das leisten? Die Organisation muss den Mehrwert für sich abschätzen und auf dieser Basis entscheiden. Kampagnenorganisationen haben einen anderen Zugang zu diesem Thema, für diese ist PR ein ganz zentraler Bestandteil ihrer Tätigkeit. Die meisten anderen NPOs kaufen sich jedoch sehr selten oder nur punktuell externes PR-Know-how zu. Mit Unternehmen verbindet uns in der Regel eine langfristige Zusammenarbeit, die eine nachhaltige Wirkung der Kommunikationsstrategie ermöglicht.

Welche konkreten Folgen ergeben sich aus diesem Verhaltensmuster für NPOs?

Hier sehe ich zwei Entwicklungstendenzen. Einerseits nützen viele Organisationen durch dieses Entscheidungsverhalten Potenziale in der öffentlichen Wahrnehmung und in der Erschließung von Spendenmitteln nicht. Es geht viel Energie in die Legitimierung gegenüber Spendern und Vereinsmitgliedern, die einen „Innensog" erzeugt. Andererseits sind viele NPOs dazu übergegangen, Kommunikations- und PR-Kompetenz selbst aufzubauen. Mittlerweile haben fast alle größeren Organisationen kompetente und gut ausgebildete PR-Mitarbeiter, die in der Regel direkt bei der Geschäftsführung angesiedelt sind. Hier hat sich in den letzten zehn Jahren ein deutlicher Entwicklungsschub vollzogen, eine ganz klare Professionalisierung.

Was unterscheidet Kommunikationsstrategien von NPOs von Kommunikationsstrategien von Wirtschaftsunternehmen?

Bei NPOs ist das Thema Werte ein ganz zentrales, bei Wirtschaftsunternehmen stehen oft bestimmte Produkte und Dienstleistungen im Vordergrund. Aber ansonsten sehe ich keine großen Unterschiede in der Konzeption und Umsetzung von professionellen Kampagnen. Wichtig ist eine gründliche Analyse der Ausgangssituation, der Entwurf einer erfolgversprechenden und für die Organisation passenden Kommunikationsstrategie und die konsequente Umsetzung. NPOs sind meiner Erfahrung nach oft kreativer als Wirtschaftsunternehmen in der Ideenentwicklung, Wirtschaftsunternehmen haben in der Regel mehr Mittel für die Umsetzung und gewinnen dadurch an Schlagkraft.

Welche Entwicklungstendenzen sehen Sie bei NPOs in Hinblick auf Kommunikation und PR?

Ein sehr interessanter Trend, den ich momentan beobachte, ist die stärkere Kooperation zwischen Wirtschaftsunternehmen und NPOs. Hier ergeben sich attraktive Schnittmengen und Entwicklungsmöglichkeiten. Gerade bei großen Unternehmen gewinnt das Thema gesellschaftliche Verantwortung an Bedeutung, Stichwort CSR. Die OMV beispielsweise lädt verschiedene Stakeholder, darunter auch NPOs, zu Stakeholderdialogen ein, um sich Feedback zu holen, wie sie von außen wahrgenommen werden. Unternehmen organisieren sich zunehmend selbst eine „kritische Öffentlichkeit“ als Korrektiv und agieren dabei wesentlich dialogorientierter und aktiver als früher. Die Kooperation im Hinblick auf Kommunikationsstrategien kann für beide Seiten befruchtend sein. Die NPOs gewinnen zusätzliche Zielgruppen durch die gemeinsame Vermarktung und haben dadurch oft auch größere Kommunikationsbudgets, Unternehmen können durch den gemeinsamen Auftritt mit NPOs ihr Image verbessern. Teilweise geht die Zusammenarbeit über reine Kommunikationsprojekte hinaus und ganz neue Geschäftsmodelle werden möglich. Hier ist die Aufgeschlossenheit von Seiten der NPOs noch sehr unterschiedlich. Insgesamt geht der Trend jedoch hin zu einer gestaltenden, kooperativen, dialogorientierten Rolle und weg von der reinen Funktion des gesellschaftlichen Korrektivs.

Welchen Tipp möchten Sie Führungskräften von NPOs für die Ausübung ihrer Führungstätigkeit mitgeben?

Kommunikation ist Chefsache. Führungskräfte sollten die Macht und Kraft von strategischer Kommunikation und ihre Auswirkung auf den „Unternehmenserfolg“ ernst nehmen und für sich nützen.

Perspektive eines Rechtsanwalts

Thomas Höhne (http://www.h-i-p.at) ist selbständiger Rechtsanwalt und vertritt seit vielen Jahren auch Nonprofit-Organisationen in rechtlichen Belangen. Er ist Spezialist für das neue Vereinsgesetz, Co-Autor des Standardwerkes zum Vereinsrecht „Das Recht der Vereine" und Betreiber der Serviceplattform www.vereinsrecht.at.

Was sind rechtlich gesehen die größten Unterschiede zwischen Wirtschaftsunternehmen und Non-Profit-Organisationen?

Auf einer ganz grundsätzlichen Ebene sehe ich keine Unterschiede. Ob es um die Gestaltung eines GmbH-Vertrages geht oder um Vereinsstatuten – bei beiden geht es um rechtlich verbindliche Regelungen, die einfach passen müssen. Auch in den Rechtsbeziehungen zur Außenwelt wie Mietverhältnissen oder Arbeitsverträgen gibt es gesetzliche Vorschriften, die bindend eingehalten werden müssen. Ein großer Unterschied besteht jedoch im Handlungsspielraum, den Führungskräfte von NPOs haben. Sie agieren mit Spendengeldern, die zweckgebunden sind. Der Vereinszweck ist in den Statuten festgelegt und darf nicht umgangen werden. Ein Möbelkaufhaus beispielsweise darf ohne weiteres die Bettenabteilung zusperren, wenn sie nicht profitabel ist und mit einer ganz neuen Sparte wie Gartengeräte oder Rasenmäher anfangen. Betten zu verkaufen ist nicht deren Lebensziel, sondern Profit zu machen. Bei NPOs ist es nicht so einfach, das Tätigkeitsfeld zu wechseln. Unternehmerisches Risiko einzugehen wiederum ist eine der Hauptfunktionen eines profitorientiert agierenden Unternehmens, nicht aber einer NPO. Das ist ein weiterer wesentlicher Unterschied.

Welche Besonderheiten ergeben sich in der rechtlichen Beratung von NPOs?

In unserer Kanzlei machen wir keinen Unterschied bei der Beratung von Wirtschaftsunternehmen und NPOs. Prinzipiell gehen wir daher gleich vor. Eine Besonderheit besteht jedoch darin, dass NPOs stärker auf ihren Ruf und die Werte, die sie durch ihre Handlungen ausstrahlen, bedacht sind und daher in Summe weniger oft prozessieren als Wirtschaftsunternehmen. Die Gefahr dabei ist, dieses Image über alles zu stellen und aus einer als sozial verstandenen Haltung heraus rechtlich notwendige Schritte nicht oder nicht in der erforderlichen Klarheit und Raschheit zu setzen, obwohl der Anwalt dazu raten würde. Auch NPOs müssen auf ihre Rechte achten – gerade auch aus Verantwortung gegenüber ihren Spendern und Förderern.

Welche Themen stehen in Ihrer Rechtsberatung für NPOs im Vordergrund?

Organisationsfragen, wie etwa die Gestaltung der Vereinsstatuten, sind ein sehr wichtiges Thema, weiters die Gestaltung der Beziehungen zur Außenwelt, also Verträge, wie etwa im Bereich des Fundraising. Es gibt aber auch im NPO-Bereich Organisationen, die gegeneinander prozessieren. Dabei kann es um Kreditschädigung oder wechselseitige Herabsetzung, unlauteren Wettbewerb oder um Namen gehen, die verwechselbar ähnlich sind. Besonders in den letzten Jahren wurde die Konkurrenz um den „Spendenkuchen" spürbar größer, wodurch insgesamt auch die Rivalität zwischen NPOs gestiegen ist. Nachdem die

„Kriegskasse" für Prozesse bei NPOs jedoch meistens nicht so gut gefüllt ist und die Organisationen häufig auf ihren Ruf achten, ist der Gang vors Gericht nicht so häufig anzutreffen wie im Wirtschaftsbereich.

Was ist rechtlich gesehen eine besondere Herausforderung für NPOs?

Vor allem Auseinandersetzungen auf Mitgliedsebene. Da es beim Verein keine Miteigentümerschaft gibt, läuft vieles über persönliches Engagement und Zugehörigkeitsgefühl. Viele Vereine sind an der Oberfläche scheinbar egalitär und basisdemokratisch. Bei NPOs kommt es gerade wegen dieser scheinbaren Gleichheit und Mitbestimmung aller oft zu besonders schwierigen Situationen und Konflikten. Die Mitglieder haben es häufig schwer, sich durchzusetzen. Bei Mitgliederversammlungen kann im Konfliktfall der Vorstand ausgewechselt werden ähnlich einem „Putsch" etc. Das bringt ein Stück weit Unberechenbarkeit und Unvorhersehbarkeit mit sich, wo hingegen in der Wirtschaft über klar hierarchische Strukturen und Regelungen eine größere Stabilität gesichert ist. NPOs, die weitsichtig agieren, bemühen sich dann um andere Organisationsformen als basisdemokratische Vereine, wenn große Geldmengen bewegt werden – entweder um schlankere Strukturen innerhalb eines gegebenen Vereins oder überhaupt um Ausgliederung in eine der klassischen Unternehmensformen, wie etwa eine GmbH, die ja auch als NPO denkbar ist.

Welche Hinweise würden Sie NPOs aus rechtlicher Sicht mitgeben?

Ausgehend vom Organisationsziel und der Strategie sollte die ideale Rechtsform, und innerhalb dieser die ideale Struktur gewählt werden. Nur mit der Wahl eines Vereins ist noch nichts gewonnen. Es muss klar sein, wie viele und welche Personen Leitungs-, Beratungs-, Aufsichts- und Kontrollfunktionen erfüllen. Weiters, ob es Mitglieder braucht und wie viele, welche Partizipations- und Mitbestimmungsrechte eingeräumt werden sollen. Alle rechtlichen Gestaltungsmöglichkeiten machen erst Sinn, wenn diese grundsätzlichen Fragen geklärt sind, sonst zäumt man das Pferd von hinten auf.

Vor welchen Risiken würden Sie warnen?

Viele NPOs scheuen sich, Gelder für Rechtsberatung auszugeben und gehen nach der „Do-it-yourself-Methode" vor. Hier würde ich zu weniger Zurückhaltung raten, oft spart man dadurch ein Vielfaches durch die Vermeidung künftiger Konflikte. Auch eine Generalversammlung muss fachlich einwandfrei vorbereitet und durchgeführt werden. Im schlimmsten Fall können Beschlüsse nichtig sein, und dann kommt es zu Prozessen, das legt eine Organisation monatelang lahm. Eine Gefahr besteht auch darin, auf den „Spirit" der Gründerzeit zu vertrauen und dabei zu übersehen, dass sich Menschen und deren Interessen, Strukturen und Organisationsziele ändern können.

Welchen Tipp möchten Sie Führungskräften von NPOs für die Ausübung ihrer Führungstätigkeit mitgeben?

Auch hier eine Parallele zwischen NPOs und klassischen Unternehmen: Rechtsfragen ernst nehmen! Und weiters: immer wieder einmal ein „Reality check": Stimmen meine formalen Strukturen noch mit dem überein, was meine Organisation faktisch tut und wie sie es tut? Wo besteht Anpassungs- oder Änderungsbedarf? (auch: Sind die Strukturen anzupassen oder ist die tatsächliche Praxis einer Revision zu unterziehen?)

8. Schlusswort

In NPOs ist die Sinnfrage besonders bedeutsam für die Existenz der Organisation und daher auch für das Führungshandeln. Damit geht es auch stark um nachhaltige Wirkung der Organisation wie auch um die Haltung der Personen. Wir wollen unser Buch daher mit der folgenden Geschichte abschließen.

Eine Unternehmerin sah eine Greisin, die einen Baum pflanzte und sprach sie darauf an: „Wenn du in deinem Alter noch bauen würdest, oder Gemüse anpflanzen, könnte ich dies noch verstehen. Aber warum pflanzt du einen Baum in deinen Jahren, da du keine Hoffnung haben kannst, die Ernte seiner Früchte zu erleben?"

„Nun, ich pflanze den Baum nicht für mich, obschon er mein eigener Baum ist. Ich pflanze ihn für die Nachkommen, ebenso wie die Vorfahren auch für mich einen gepflanzt haben."

Da wurde die Unternehmerin nachdenklich und bedankte sich für die kluge Antwort. Und die Alte erwiderte lächelnd: „Nun hat der Baum, der erst in zwanzig Jahren abgeerntet werden kann, jetzt schon Früchte getragen".

Literatur

Anheier, H.K./Priller, E./Seibel, W./Zimmer, A.: Der Nonprofit Sektor in Deutschland. in: Badelt, Ch./ Meyer, M./Simsa, R.: (Hg.): Handbuch der Nonprofit-Organisation. Stuttgart 2007 (4. überarbeitete Auflage)

Badelt, Ch./ Meyer, M./Simsa, R. (Hg.): Handbuch der Nonprofit-Organisation. Stuttgart 2007 (4. überarbeitete Auflage)

Baecker, D.: Organisation und Management. Aufsätze. Frankfurt am Main 2003

Bode, I., & Graf, A. 2000. Im Trend, aber auf eigenen Wegen. Arbeit und Organisation im Dritten Sektor. In H.-G. Brose (Ed.), Die Reorganisation der Arbeitsgesellschaft: 139-172. Frankfurt/New York

Eckardstein, D.v./Simsa, R.: Der stakeholder-orientierte Prozeß der integrierten Strategieentwicklung und Erfolgsbestimmung. in: Eschenbach, R./Horak, Ch.: Führung der Nonprofit-Organisation. Bewährte Instrumente im praktischen Einsatz. Stuttgart 2003, S. 355-363

Eckardstein, D.v./Simsa, R.: Strategic management: a stakeholder based approach. In: Zimmer, Annette/Priller, Eckhard (Eds.) (2004): Future of Civil Society. Making Central European Nonprofit-Organizations Work. Opladen

Eckardstein, D.v.: Personalmanagement von NPOs. in: Badelt, Ch./ Meyer, M./Simsa, R.: (Hg.): Handbuch der Nonprofit-Organisation. Stuttgart 2007 (4. überarbeitete Auflage)

Exner, A.: Unternehmensidentität, in: Beratergruppe Neuwaldegg: Best of Neuwaldegg, Wien, 2001, 93-104

Exner, A., Moeller, M.: Reizvolle Impulse zur Unternehmensführung, in: Boos, F., Heitger, B. (Hrsg.): Wertschöpfung interner Unternehmensfunktionen. Wie interne Dienstleister die Wettbewerbsfähigkeit des Unternehmens steigern, Wiesbaden 2005, S. 43-57

Exner A./Patak, M.: Unternehmens(Selbst)Steuerung – Ohnmacht der Mächtigen. In: IN-Sight 3/05

Hanushevsky, I. 2000. Egoismus oder Altruismus – die Motivation ehrenamtlicher Mitarbeiterinnen im Hospiz. Eine qualitative Untersuchung der Motivation ehrenamtlicher Mitarbeiterinnen im Hospiz. Diplomarbeit Universität Wien, Wien

Heintel, P./Krainz, E.E.: Projektmanagement. Eine Antwort auf die Hierarchiekrise? Wiesbaden 1988

Heitzmann, Karin 2001. Dimensionen, Strukturen und Bedeutung des Nonprofit Sektors. Eine theoretisch-konzeptionelle und empirische Analyse für Österreich. Wien 2001

Horch, H.D.: Selbstzerstörungsprozesse freiwilliger Vereinigungen: Ambivalenzen von Wachstum, Professionalisierung und Bürokratisierung. In: Rauschenbach, T./Sachße, Ch./Olk T. (Hg.): Von der Wertgemeinschaft zum Dienstleistungsunternehmen. Jugend- und Wohlfahrtsverbände im Umbruch. Frankfurt 1995

Horx Matthias, Wie wir leben werden. Frankfurt 2005

Katzenbach, Jon R., Smith, Douglas. Teams. Der Schlüssel zur Hochleistungsorganisation, Frankfurt 2003

Kasper, H., Mayrhofer, W., Meyer, M.: Management aus systemtheoretischer Perspektive – eine Standortbestimmung, in: Eckardstein, D., Kasper, H., Mayrhofer, W.: Management. Theorien – Führung – Veränderung. Stuttgart 1999, S. 161-209

Koestenbaum, P.: Leadership: The Inner Side of Greatness (Jossey-Bass Management) San Francisco 1991

Luhmann, N.: Soziale Systeme. Grundriß einer allgemeinen Theorie, Frankfurt am Main 1984, 6. Aufl. 1996

Luhmann, N.: Organisation und Entscheidung. Opladen/Wiesbaden 2000

Meyer, M./Simsa, R.: Bei uns ist der Mensch Mittel. Punkt. Personalmanagement und Beschäftigung in NPOs – einige Thesen und Forschungsergebnisse. in: Glocalist Review, Digitale Wochenzeitschrift für NPO&NGO Management, Politik, Ökonomie und Kultur Nr. 26/2004

Patak, M./Simsa, R.: Paradoxien in Nonprofit-Organisationen. In: Gester, P.W./Heitger, B./Schmitz, Ch. (Hg.): Managerie. Systemisches Denken und Handeln im Management. 2. Jahrbuch. Heidelberg 1993

Patak, Michael: Vorstand mit Verstand. Wider die programmierte Überforderung ehrenamtlicher Funktionäre. In: Management der Nonprofit Organisation. Gesellschaftliche Herausforderungen und organisationale Antworten. Simsa Ruth (Hrsg.)

Rose-Ackerman, S.: Altruism, ideological entrepreneurs and the non-profit firm. In: Voluntas, Vol. 8, No. 2/1997, S. 120-134

Salamon, L./Anheier, H.: Social Origins of Civil Society. Explaining the Nonprofit Sector Cross-Nationally. Working papers of the Johns Hopkins Comparative Nonprofit Sector Project. No. 22, Baltimore 1996

Schneider, Ulrike, Badelt, Christoph, Hagleitner, Joachim. 2007. Der Nonprofit Sektor in Österreich. In Handbuch der Nonprofit Organisationen. 4. A., Hrsg. Meyer, Michael; Simsa, Ruth; Badelt, Christoph, 55-80. Stuttgart.

Seibel, W.: Funktionaler Dilettantismus. Erfolgreich scheiternde Organisationen im „Dritten Sektor“ zwischen Markt und Staat. Baden-Baden 1992

Simsa, R. (Hg.): Management der Zivilgesellschaft. Gesellschaftliche Herausforderungen und organisationale Antworten. Stuttgart 2001

Simsa, R./Krainz, E.E.: Strukturelle Konfliktfelder von Nonprofit-Organisationen, in: Falk, G./Heintel, P./Krainz, E.E. (Hrsg.): Handbuch Mediation und Konfliktmanagement. Wiesbaden 2005, S. 205-217

Simsa, R., 2004: Corporate Governance von NPOs in Österreich – der Balanceakt von notwendiger Freiheit und angemessener Kontrolle. In: Bienek, H./Thaler, G./Voggensperger, R.: Gutes besser tun. Corporate Governance in Nonprofit-Organisationen. Bern, Stuttgart, Wien 2004

Simsa, R./Schober, Ch./Schober, D.: Nonprofit Organisationen im Sozialen Dienstleistungsbereich – Bedeutung, Rahmenbedingungen, Perspektiven, Wien 2004, Projektbericht

Simsa, R.: Arbeitszufriedenheit und Motivation in mobilen sozialen Diensten sowie Alten- und Pflegeheimen – Forschungsergebnisse und Ansatzpunkte für Personalmanagement und Politik in: WISO Wirtschafts- und Sozialpolitische Zeitschrift des ISW, 2/2004

Simsa, R.: Einflussstrategien von Nonprofitorganisationen: Ausprägungen und Konsequenzen für das Personalmanagement. in: Zeitschrift für Personalforschung 3/01a, 15. Jg.

Simsa, R.: Gesellschaftliche Funktionen und Einflußformen von Nonprofit-Organisationen. Eine systemtheoretische Analyse. Frankfurt/Main, Berlin, Bern, Brüssel, New York, Wien, 2001

Simsa, R.: Zwischen Wirtschaft und Werten. Nonprofit-Organisationen als spezifisches Feld von Training und Beratung. In: Gruppendynamik. Zeitschrift für angewandte Sozialpsychologie 4/99

Simsa, R., Schober, Ch., Schober, D., 2003: Arbeit in Sozialorganisationen der Altenpflege: Personalmanagement, Belastung, Zufriedenheit und Motivation von MitarbeiterInnen. Projektbericht, Wien

Zauner, A. 2007: Über Solidarität zu Wissen. In: Badelt, Ch./ Meyer, M./Simsa, R.: (Hg.): Handbuch der Nonprofit-Organisation. Stuttgart 2007 (4., überarbeitete Auflage)

a.o.Univ.Prof. Dr. Ruth Simsa

Professorin am Institut für Allgemeine Soziologie und Wirtschaftssoziologie der WU-Wien; Leiterin des Institutes für Interdisziplinäre Nonprofit-Forschung, WU-Wien – www.npo.or.at; selbständige Organisationsberaterin und Managementtrainerin; www.ruthsimsa.at

Beratungsschwerpunkte

- Strategieentwicklung
- Organisationsveränderung
- Schnittstellenmanagement – Integration – Kooperation
- Führungskultur – Leadership – Kommunikation

Trainingsschwerpunkte

- Führungskräfteweiterbildung – Leadership
- Generation-Management
- Teamentwicklung
- Konfliktmanagement
- Moderation und Kommunikation

Neben der langjährigen Praxiserfahrung als Beraterin in Nonprofit-Organisationen auch wissenschaftliche Untersuchungen im NPO-Bereich.

Zahlreiche Publikationen zum Thema, u.a.: Badelt, Ch./Meyer, M./Simsa, R.: (Hg.): Handbuch der Nonprofit Organisation, Stuttgart 2007 (4. überarbeitete Auflage); Simsa, R.: Gesellschaftliche Funktionen und Einflussformen von Nonprofit-Organisationen. Eine systemtheoretische Analyse, 2001; Lang, P./Simsa, R. (Hg.): Management der Zivilgesellschaft. Gesellschaftliche Herausforderungen und organisationale Antworten, Stuttgart 2001.

Mag. Michael Patak

Geschäftsführender Gesellschafter der Beratergruppe Neuwaldegg, Lehraufträge an der Wirtschaftsuniversität Wien und der Universität Klagenfurt, Mitglied der Forschergruppe Neuwaldegg, Gründungsmitglied des Innovations-Centers „Unternehmens(selbst)steuerung", ordentliches Mitglied der ÖGGO (österr. Gesellschaft für Gruppendynamik und Organisationsberatung).

Arbeitsschwerpunkte als Trainer, Berater und Coach

- Begleitung von Veränderungsvorhaben in Profit- und in Non-Profit-Organisationen
- Gestaltung von Prozessen zur Unternehmensentwicklung und der qualitativen Planung
- Kontinuierliche Begleitung der Entwicklung von Familienunternehmen
- Unterstützung von Post-Merger-Integration
- Kultur- und Identitätsarbeit in Teams, Bereichen und Organisationen
- Konzeption und Moderation von Großveranstaltungen (Open Space, World Cafe, maßgeschneidert)
- Teamentwicklung – in einer Balance von Arbeit an Inhalten und den persönlichen Relationen
- Gestaltung und Begleitung von Konfliktbearbeitung
- Direktive Moderation
- Führungskräfte-Coaching
- Beraterausbildung
- Führungskräftetrainings und Leadership-Programme
- Beratung von Management-Teams in Non-Profit-Organisationen (häufig im Spannungsfeld von Professionalisierung und Engagement)

Publikationen finden Sie unter: http://www.neuwaldegg.at/publikationen